纺织服装高等教育"十二五"部委级规划教材
高职高专服装专业项目化系列教材
浙江省重点建设教材

尚实图书
东华出品
DONGHUA UNIVERSITY PRESS

NU XIAZHUANG JIEGOU
SHE JI YU GONGYI

女下装结构设计与工艺

主 编／袁 飞
副主编／卢 玉

U0377512

东华大学出版社

内 容 提 要

本书作为服装设计专业项目化系列教材之一,内容涵盖女下装典型款的制板、缝制工艺知识与技能。

本书项目设计以真实的工作过程为依据,共分成四大项目:项目一主要涉及下装与人体的关系以及基础缝制工艺的相关知识和技能;项目二为下装零部件工艺;项目三为裙装结构设计与工艺;项目四为裤装结构设计与工艺,从款式分析入手,设定成品尺寸,并进行结构制图与样板制作,最后完成工艺制作,通过项目的完成来实现教学内容的落实。

本书图文并茂,教材内容清晰易懂,是一册适合高职高专的项目化教学用书,也可作为服装中专学校、服装职工、技术人员的技术提高、培训使用教材,对广大服装爱好者也有较好的参考价值。

图书在版编目(CIP)数据

女下装结构设计与工艺/袁飞主编. --上海:东华大学出版社,2012.11
ISBN 978 - 7 - 5669 - 0187 - 3

Ⅰ. ①女… Ⅱ. ①袁… Ⅲ. ①女服—裙子—结构设计—高等学校—教材②女服—裤子—结构设计—高等学校—教材 Ⅳ. ①TS941.717

中国版本图书馆 CIP 数据核字(2012)第 288365 号

责任编辑　马文娟
封面设计　戚亮轩

女下装结构设计与工艺
袁　飞　主　编
卢　玉　副主编

东华大学出版社出版
(上海市延安西路 1882 号　邮政编码:200051)
新华书店上海发行所发行　句容市排印厂印刷
开本:787 mm×1092 mm　1/16　印张:10.75　字数:284 千字
2013 年 1 月第 1 版　2020 年 8 月第 4 次印刷
定价:29.80 元

前　言

服装设计工作的完整过程是设计——制板——工艺三位一体的。款式设计如果只停留在绘画款式图阶段，而没有最终的实物来检验，这样的设计是空洞的，缺乏说服力的。同时，款式设计、结构设计和工艺制作是密不可分的，很多设计细节要通过结构和工艺来实现，同时还牵涉到很多设备的使用和后处理的方法，如果学生没有掌握结构和工艺的知识和技能，那么其设计的作品仅仅是一张图纸。本书以裙子、裤子等典型服装为载体，在教材整体设计的框架上，先划分工作的大项目，然后把工作项目细分为有序的、相互联系的工作任务。不同学生，接受知识的能力有很大的差异，"项目"设计符合了学生特点。"项目"设计注意分散了重点、难点。设计时考虑"项目"的大小、技术的含量、前后的联系等多方面的因素。

太多的文字容易让学生失去兴趣，而且很难把制作工艺等描述清楚，因此我们尽量采用图片，将一件典型服装从款式分析到工艺制作的整个过程、每一步骤进行拍摄，再配以适当的文字。使得教材内容清晰易懂，适合高职高专学生使用。

本书为服装设计专业项目化系列教材，可作为高职院校服装专业教学用书，也可作为服装中专学校、服装职工、技术人员的技术提高、培训使用教材，对广大服装爱好者也有较好的参考价值。

本书在编写过程中得到了杭州职业技术学院许淑燕教授的悉心指导与审稿，杭州熏若服饰有限公司陈丹总经理、陈盈副总经理的支持和帮助，企业专家程建、李珍的技术指导以及达利女装学院服装设计专业陶晓雯、周梦祥、陈璐纯、徐飞等同学的帮助，在此一并表示感谢。

由于时间仓促、水平有限，本书在编写过程中难免有错误和纰漏之处，欢迎专家、同行和广大读者批评指正，不胜感谢。

袁　飞

目　　录

项目一　课　程　准　备

任务一　认识下装与人体

一、学习目标

（一）熟悉下装概念；

（二）熟悉下装构成与人体的关系；

（三）能测量下装人体尺寸；

（四）能测量下装成品尺寸。

二、任务描述

同学两人一组，根据给定下装样品裙子、裤子，运用人体测量工具，进行人体与下装样品的相关尺寸测量。分析款式与数据特点，引出下装概念。

三、知识准备

（一）下装概念

下装是指穿着于人体下身的服装，主要有两种基本形式：裙装和裤装。

裙装是一种围于下体的服装。广义的裙子还包括连衣裙、衬裙、腰裙。裙一般由裙腰和裙体构成，有的只有裙体而无裙腰。因其通风散热性能好，穿着方便，行动自如，样式变化多端等诸多优点而为人们所广泛接受，其中以妇女和儿童穿着较多。

裤装泛指（人）穿在腰部以下的服装，一般由一个裤腰、一个裤裆、两条裤腿缝纫而成。

（二）下装构成与人体的关系

服装以人为基础并通过人的穿着和展示体现审美价值。人是服装设计紧紧围绕的核心。服装制图的依据是人体，并且最终物化成的服装也要适应人体，因而也可以说人体是服装制图紧紧围绕的核心。因此，服装制图中的每一条结构线都与人体表面的起伏变化相对应，要制作出既符合人体又造型美观的服装样板，必须把握人体的结构特征和运动规律，研究人体形态与服装造型直接的关系。因为服装与人体之间的空间差异直接关系到服装制图中的结构处理,关系到服装的造型与运动机能。

人体的外部形态主要是由骨骼、肌肉和关节组成。骨骼是人体的支架,决定人体的基本形态与比例。肌肉是附着在骨骼外层的柔软而富有弹性的纤维组织,具有收缩或伸展人体的功能。关节是人体各个体块之间的连接机关,人体的运动机能就是依靠关节的连接作用而实现的。从服装设计的角度研究人体,主要是为了了解影响人体外部形态的人体构件。因为人体对于服装的作用,并不在于某一骨骼或肌肉本身的形态,而在于某些骨骼或肌肉群共同构成的形态特征。

从服装制图的实际需求出发,可将人体归纳成由体块和关节两部分组成。所谓体块是指本身具有一定的形态和体积,并在人体运动过程中其形状和体积相对稳定的人体构件,主要有头部、胸部、臀部和四肢。所谓关节是指各个体块之间的连接机关,不但具有自身的形状与体积,而且在人体运动过程中会因肌肉的伸缩而发生体积与形态的变化,主要有颈、腰、肘、膝、踝等。人体的体块决定服装制图的基本轮廓和规格数据,将各个体块的立体形态作平面展开,即是相应衣片的基本制图。

1. 构成下体的体块

(1) 臀部(图 1-1-1)

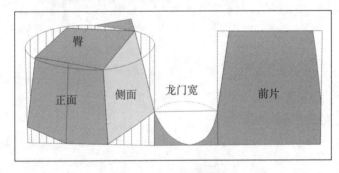

图 1-1-1　臀部体块

臀部是指由耻骨联合位置至腰节线之间的体块。臀部的正面廓型上窄下宽,两侧由向外凸出的弧线构成。侧面廓型中前凸点位置高而凸出量小,后面因受臀大肌的影响,凸点位置低而凸出量大,并且因体型不同其凸量的大小也有差异。臀凸量的大小决定裤子后裆斜线的倾斜角度,臀部的厚度决定裤子前、后裆线之间的宽度,臀部腰节线至耻骨联合位置的垂直距离,是设计裤子立裆数据的基本依据。臀部最丰满处的围度和腰围之间的差量,是设计下装腰省总量的依据。臀部立体形态的平面展开是下装类制图的依据。

(2) 下肢(图 1-1-2)

下肢分为大腿、小腿和足三部分,分别由膝关节和踝关节连接成一体。大腿肌肉丰满粗壮,小腿前部垂直,后部有外侧腓肠肌和内侧腓肠肌组成的"腿肚"。从侧面看,大腿略向前弓,小腿略向后弓,形成 S 形曲线状。下肢在服装设计中决定裤管的造型以及膝围和脚口的规格。

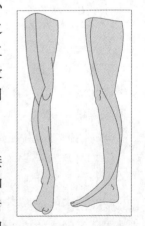

图 1-1-2　下肢体块

2. 体块间的连接点

（1）腰部

腰部是胸部和臀部的连接部位。它的活动范围较大，通常情况下，前屈 80°、后伸 30°，左、右侧屈各 35°，旋转 45°（图 1-1-3）。同时，腰部又具有自身的形状，这对于下装中连腰、高腰式造型的设计是非常重要的依据。

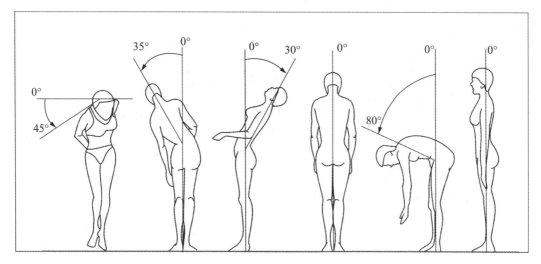

图 1-1-3　腰部活动范围

（2）大转子

大转子是臀部与下肢的连接部位。它的最大活动范围是向前 120°，向后 10°，外展 45°，内展 30°（图 1-1-4）。正常行走时，前后足距约为 65 cm，两膝间的围度是 82～109 cm。大步行走时，两足的间距约为 73 cm，两膝间的围度是 90～112 cm。大转子的结构与活动范围是裙子下摆围或裤子立裆设计的依据。

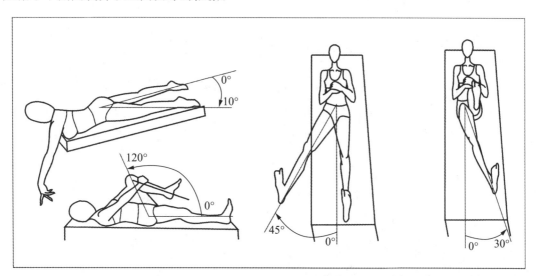

图 1-1-4　大转子活动范围

（3）膝关节

膝关节是大腿与小腿之间的连接部位。它的运动幅度是后屈 135°，左右旋转 45°（图 1 - 1 - 5）。正常情况下，小腿以后屈为主要运动方向。膝关节主要决定裤子的膝围线位置及裤管的放松量。

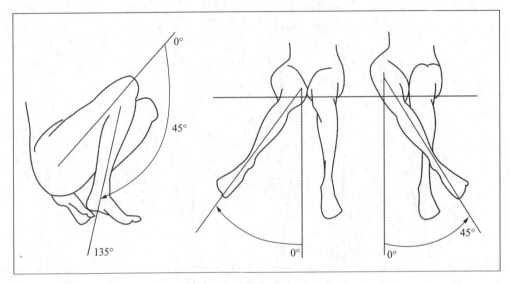

图 1 - 1 - 5　膝关节活动范围

（三）下装人体测量

人体测量是指测量人体有关部位的长度、宽度和围度。量体后所得的数据和尺寸，可作为服装制图或进行裁剪的重要依据。规格设计则是在人体测量的基础上，根据服装款式造型、面辅料性能质地和缝制工艺等诸多因素，再结合考虑人体的各种穿着要求（如人体的基本活动量，内装厚度、季节、年龄、性别以及造型艺术等因素）进行的尺寸定位。

1. 测量工具

（1）人体测高仪：由一杆刻度以毫米为单位，垂直安装的尺及一把可活动的尺（水平游标）组成（图 1 - 1 - 6）。

（2）软卷尺：刻度以厘米为单位的硬塑软尺，是量体最主要的基本工具（图 1 - 1 - 7）。

图 1 - 1 - 6　人体测高仪　　　　图 1 - 1 - 7　软卷尺

2. 注意事项

（1）使用软尺测量人体时，要适度地拉紧软尺，不宜过紧或过松，要保持测量时纵直横平。

（2）要求被测量者立姿端正，保持自然、不低头、挺胸等，以免影响测量的准确性。

（3）做好测量后的数据记录，特殊体型者除了加量特殊部位尺寸外，还应该特别注明特征和要求。

3. 下体测量部位与方法（图 1-1-8）

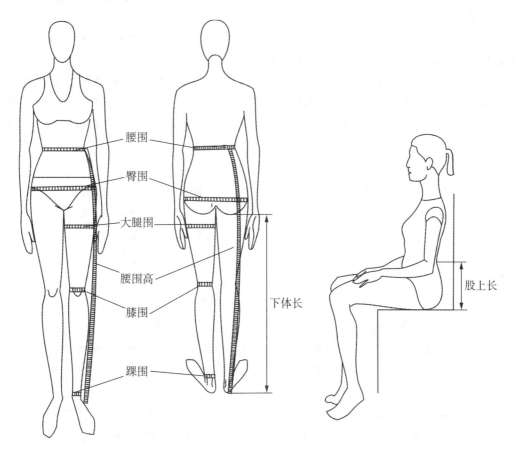

图 1-1-8　下体测量部位

（1）长度测量尺寸

下体长：由臀部下沿量至与脚齐平的位置。

腰围高：由腰侧点至踝骨外侧凸点之间的长度，是普通长裤的基本长度。

腰长：测量腰节线至臀围线之间的垂直距离。

股上长：腰围线至臀股沟的距离。被测者需端坐在椅子上，量取腰测点至椅面的垂直距离。

（2）围度尺寸测量

腰围：在腰部最凹处，用皮尺水平围量一周的尺寸。

臀围：在臀部最丰满处，用皮尺水平围量一周的尺寸。

大腿围：水平围量大腿最粗位置一周的尺寸。

膝围：经膝盖点水平围量膝部一周的尺寸。

踝围：经踝骨点水平围量脚踝一周的尺寸。

（四）下装规格尺寸测量

1. 规格尺寸概念

服装的规格尺寸是在人体基本尺寸的基础上，根据不同的款式，加上合适的宽松量。服装的规格尺寸一旦确定以后，它就是服装制造的依据。

在有些客户的规格尺寸表上，在标注出规格尺寸外，还会标出主要的躯体尺寸。如果需要，可以根据躯体尺寸，判断规格尺寸的正确与否。

但是，服装的规格尺寸和实际的制造尺寸总是有差异的，所以在客户的尺寸表上，给出了允差（允差是指允许的误差）。服装的实际制造尺寸只要在规定的允差内，其尺寸就是可以接受的。在服装的品质管理中，确保服装的制造尺寸符合规格尺寸是很重要的。尺寸过大或过小，都会影响穿着，影响服装的合体性。

2. 规格尺寸的测量

（1）所有服装测量的基本原理是一致的，但是对不同的客户来说，其测量方法会稍有差异。因此在测量尺寸时，一要注意客户的尺寸规格表是否有测量方法的提示；二是在生产前就要去了解客户的测量方法；三是在确认样品和产前样的测量中，如果发现和客户的测量结果有较大的差异时（超出允差），也许你的测量方法不符合客户的测量方法，这时应该及时的和客户去沟通有关尺寸的测量方法。

（2）在测量前，最好做一个适合记录测量结果的尺寸表。做好记录可以方便你对所测的尺寸做分析。如果尺寸不符，可以此为依据，要求生产部门进行改正。

（3）被测服装必须平整，很难想象一件皱巴巴的成衣能让检验员正确的测量。被测服装的钮扣、拉链必须扣上。被测服装在测量前或测量中不得拉伸或卷曲，特别不能因为尺寸达不到规格而对被测服装进行拉伸或卷曲。

（4）在测量时，需将被测服装平放于检验台上，检验台必须够大、平坦、干净。测量需要在明亮的光线下进行，并使用不易变形的、柔性的尺，并且能精确到毫米。由于尺在使用的过程中会受到外力的作用，建议每个星期校准一次。

（5）测量时，要保证每一个尺码都被测量到。为了保证测量的正确性，一般随机测量2～3件，也许根据需要，会随机抽查更多的数量。如果被检验的款式有几个颜色，这时应该保证所有的颜色被抽查到。

测量时，如果发现其制造尺寸超过规格尺寸规定的允差，这时也许需要连续测量10到15件，以判定其不合格的比例，然后给出解决问题的办法。

3. 下装规格尺寸的测量

（1）裙子测量部位（图1-1-9）

腰围：裙子平放，卷尺沿腰上口横向绕量一周的尺寸。

臀围：裙子平放，在腰口往下18 cm左右横向绕量一周的尺寸（正常腰位）。

裙长：腰口到底摆的纵向长度。

（2）裤子测量部位（图1-1-10）

腰围：裤子平放，沿腰上口横向绕量一周的尺寸。

臀围：裤子平放，裆底向上7.5 cm处横向绕量一周的尺寸。

腿围：裤子平放，裆底向下2.5 cm处横向绕量一周的尺寸。

脚口：裤子平放，裤子的最下口横向绕量一周的尺寸。

上裆：在门襟处从裤腰上口到裆底十字交叉点处的纵向长度。

裤长：沿裤腿侧缝从腰上口往下到裤脚口的纵向长度。

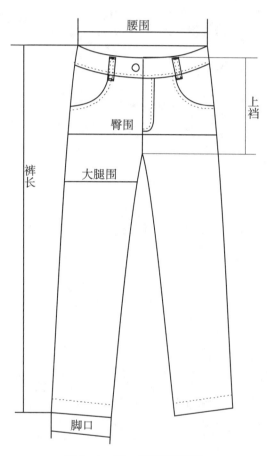

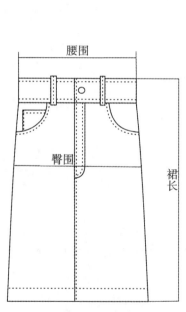

图1-1-9 裙子测量部位　　　　　图1-1-10 裤子测量部位

四、任务实施

两人一组完成此任务，相互测量，每个数据测量3次取平均值。

（一）下体关节部位活动体验及数据采集

1. 腰部做前屈，后伸，左、右侧屈，旋转动作，一位同学做动作，另一位同学记录动作最大范围。

2. 大转子做向前,向后,外展,内展动作。一位同学做动作,另一位同学记录动作最大范围。

3. 分别测量正常行走和大步行走时前后足距,两膝间的围度。

4. 膝关节做后屈,左右旋转动作。一位同学做动作,另一位同学记录动作最大范围。

（二）下体测量

互相测量对方下体长、腰围高、腰长、股上长、腰围、臀围、大腿围、膝围、踝围。

（三）裙子成品测量

给定裙子,测量裙子相应成品尺寸。

（四）裤子成品测量

给定裤子,测量裤子相应成品尺寸。

五、任务反思

评价项目	评价情况
请描述本次任务的学习目的。	
是否明确任务要求?	
是否明确任务操作步骤? 请简述。	
对本次任务的成果满意吗?	
在遇到问题时是如何解决的?	
在本次任务实施过程中,还存在哪些不足? 将如何改进?	
感受与体会。	

任务二 基础缝制工艺

一、学习目标

（一）能进行常用手针工艺操作；

（二）熟悉基本缝型，能进行工艺操作；

（三）了解熨烫工艺。

二、任务描述

以裙子、裤子成品为例，分析各种缝制工艺，引入常用手针工艺、基本缝型及熨烫工艺。在教师示范下，学习这些工艺操作，并完成自创作品，要求包含所学工艺。

三、工艺介绍

（一）常用手针工艺

手针工艺是制作服装的传统工艺，在现代工业化生产下，虽然基本已被取代，但有很多工艺仍需手针工艺来完成。

手缝针法种类很多，按缝制方法可分为平针、回针、斜针等；按线迹形状可分为三角针、十字针等。下面介绍下装制作中有可能会用到的几种常用针法。

1. 短绗针：将手针由右向左，间隔一定距离构成针迹，一般连续运针三四针后拔出。常用于假缝试穿、装饰点缀、归拢袖山弧线、抽碎褶等。抽碎褶时一般针距细密，为 0.3～0.5 cm（图 1-2-1，图 1-2-2）。

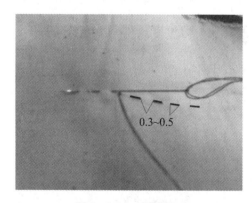

图 1-2-1 短绗针 1

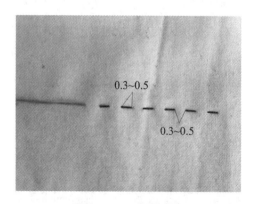

图 1-2-2 短绗针 2

2. 绷缝：也称长短绗针，面料正面为长绗针迹，反面为短绗针迹。一般用于覆衬、打线钉等（图1-2-3，图1-2-4）。

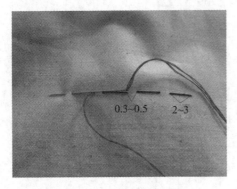

图1-2-3　绷缝针1

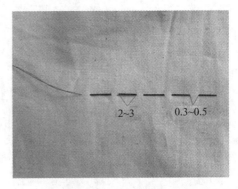

图1-2-4　绷缝针2

3. 回针：也称倒钩针，有全回针和半回针。用于服装某些部位的缝纫加固，如领口、袖窿、裤裆等服装弧线部位（图1-2-5，图1-2-6）。

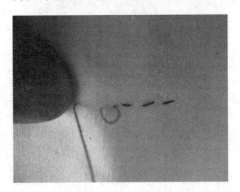

图1-2-5　回针1

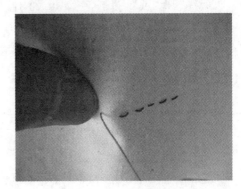

图1-2-6　回针2

4. 暗针：也称拱针。在服装缝制过程中，采用拱针的部位不多，一般在不压明线的毛呢服装前门襟止口部位采用，使衣身、挂面、衬料三者固定。要求表面不露明显针迹，在方法上采用倒回针的形式进行运针（图1-2-7，图1-2-8）。

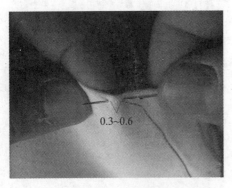

图1-2-7　暗针1

图1-2-8　暗针2

5. 缲针：有明缲针、暗缲针和三角缲针三种。缲针一般用于服装的底边、袖口、裤口的贴边等边缘的处理。

（1）明缲针：由右向左，由内向外撬，每针间距0.2 cm，针迹为斜扁形（图1-2-9，图1-2-10）。

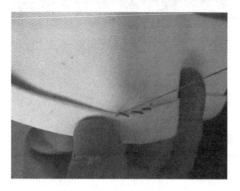 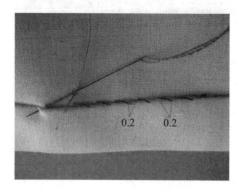

图1-2-9 明缲针1　　　　　　　　　　图1-2-10 明缲针2

（2）暗缲针：由右向左，由内向外直缲，缝线隐藏于贴边的夹层中间，每针间距0.3 cm（图1-2-11，图1-2-12）。

 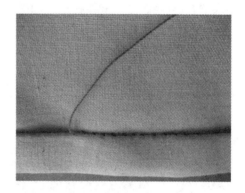

图1-2-11 暗缲针1　　　　　　　　　　图1-2-12 暗缲针2

（3）三角缲针：由右向左，每针间距0.5 cm，注意在衣片上只挑起1～2根纱线（图1-2-13，图1-2-14）。

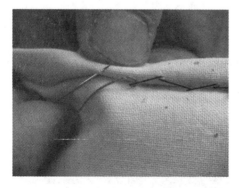 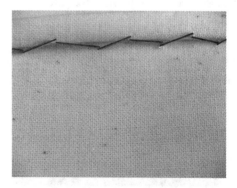

图1-2-13 三角缲针1　　　　　　　　　　图1-2-14 三角缲针2

6. 三角针：也称花绷针。针法为内外交叉、自左向右倒退,将布料依次用平针绷牢,要求正面不露针迹,缝线不宜过紧。主要用于裙摆、裤脚口的缝头处理(图1-2-15,图1-2-16)。

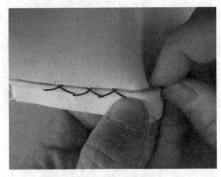
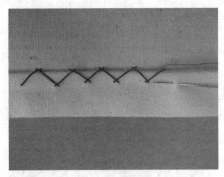

图1-2-15 三角针1　　　　　　　　　图1-2-16 三角针2

7. 套结针：套结的作用是加固服装开口的封口处,如袋口两端、拉链终端等通常易受较大压力的部位。针法分为锁缝法和交叉法。

(1)锁缝法：操作时先在封口处用双线来回衬线,然后在衬线上用锁眼的方法锁缝。针距要求整齐,且缝线必须缝住衬线下面的布料(图1-2-17,图1-2-18)。

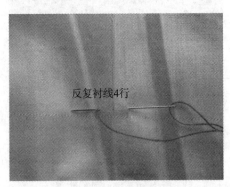

图1-2-17 锁缝法1　　　　　　　　　图1-2-18 锁缝法2

(2)交叉运针法：先在打套结位置手针缝三针,然后交叉运针,上针呈8字,包卷三根套结芯线(图1-2-19~图1-2-21)。

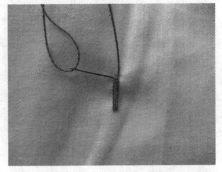
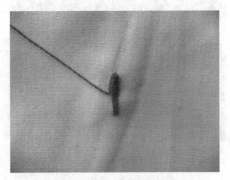

图1-2-19 交叉运针法1　　　　　　　图1-2-20 交叉运针法2

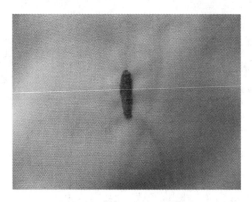

图 1－2－21　交叉运针法 3

8. 拉线襻：常用于腰带襻、裙、大衣的面料与里料的固定。常用的方法有两种。

(1) 手编法：操作方法分套、钩、拉、放、收五个步骤。

(2) 锁缝法：操作时先用缝线来回缝出 2～4 条衬线，然后按照锁扣眼的方法进行锁缝（图 1－2－22,图 1－2－23）。

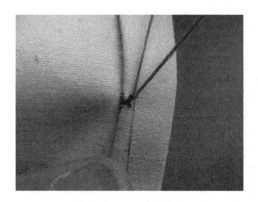

图 1－2－22　拉线襻 1

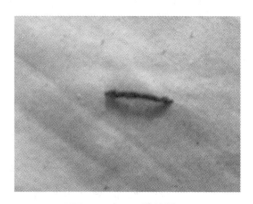

图 1－2－23　拉线襻 2

(二) 基本缝型

1. 缝型概念

缝型是在一层或多层缝料上，按所要求的配置形式，缝上不同的线迹，这些不同的配置结构形式称为缝型。

2. 缝型示意图(表 1－1)

表 1－1　缝型示意图

缝型名称	缝型符号	缝型名称	缝型符号
平缝		内包缝	
扣压缝		外包缝	
来去缝		三线包缝合缝	

缝型名称	缝型符号	缝型名称	缝型符号
折边缝		坐缉缝	
滚边（光滚边、单滚边）		压止口线	
搭接缝			

3. 缝型的缝制工艺

衣服是由不同的缝型连接在一起的,不同的服装款式风格和不同的部位,会选择不同的缝型。下面介绍几种基本缝型的工艺。

（1）平缝:两层面料正面相对,在反面缉线的缝型(图 1-2-24)。一般缝份宽 0.8～1.2 cm,这是最基本的缝型,广泛用于上衣的肩缝、侧缝,袖子的内外缝,裤子的侧缝、下裆缝等部位。缝制开始和结束时都需要做回针,以防线头脱散,并注意上下片的齐整。一般缝份倒向一边的称倒缝;缝份分开熨烫的称分开缝。

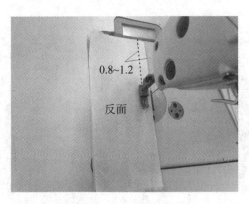

图 1-2-24　平缝

（2）扣压缝:先将面料按规定的缝份扣烫,再把它按规定的位置组装,缉 0.1 cm 明线(图 1-2-25,图 1-2-26)。常用于男裤的侧缝,衬衫的覆肩、贴袋等部位。

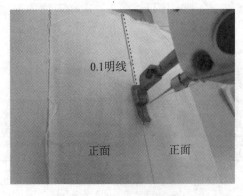

图 1-2-25　扣压缝 1

图 1-2-26　扣压缝 2

（3）内包缝：将面料正面相对，在反面按包缝宽度做成包缝。缉线时缉在包缝宽度边缘（图1-2-27,图1-2-28）。包缝的宽窄是以正面的缝迹宽度为依据，有0.4 cm、0.6 cm、0.8 cm、1.2 cm等，内包缝的特点是正面可见一根线，反面是两根线。常用于肩缝、侧缝、袖窿等部位。

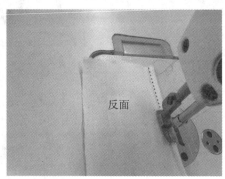
图1-2-27　内包缝1

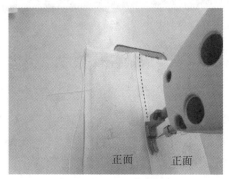
图1-2-28　内包缝2

（4）外包缝：缝制方法跟内包缝相同，将面料的反面与反面相对重叠后，按包缝宽度做成包缝，然后距包缝边缘0.1 cm压明线（图1-2-29,图1-2-30）。包缝宽度有0.5 cm、0.6 cm、0.7 cm等多种。外包缝外观特点与内包缝相反，正面是两根线，反面是一根线。常用于西裤、夹克衫等服装中。

图1-2-29　外包缝1

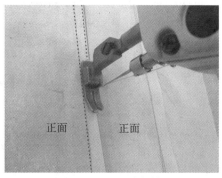
图1-2-30　外包缝2

（5）来去缝：正面不见缉线的缝型。面料反面相对后，距边缘缉明线，并将布边毛缝修光。再将两层面料正面相对后缉0.7 cm缝份，第一次缝份的毛边不能外露，常用于缝制薄型面料的服装（图1-2-31,图1-2-32）。

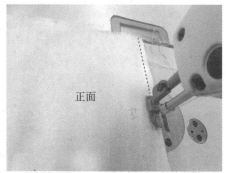
图1-2-31　来去缝1

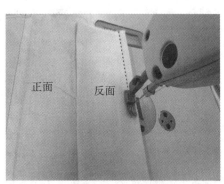
图1-2-32　来去缝2

（6）滚包缝：只需一次缝合，并将两片缝份的毛茬均包干净的缝型，适用于薄型面料（图1-2-33，图1-2-34）。

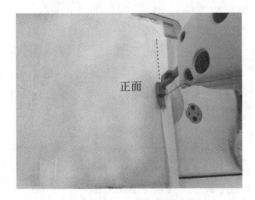

图1-2-33 滚包缝1

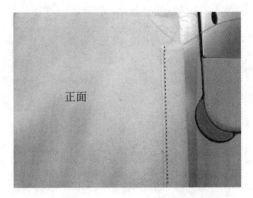

图1-2-34 滚包缝2

（7）搭接缝：将两片面料拼接的缝份重叠，在中间缉一道线将其固定，可减少缝份厚度，多在拼接衬布时使用（图1-2-35）。

图1-2-35 搭接缝1

（8）分压缝：先平缝，然后向两侧分开，再在分开缝基础上加压一道明线而形成的缝型。其作用一是加固，二是使缝份平整。常用于裤裆、内袖缝等部位（图1-2-36，图1-2-37）。

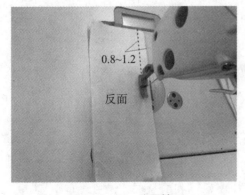

图1-2-36 分压缝1

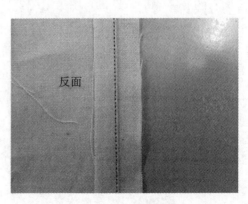

图1-2-37 分压缝2

（9）闷缝：将一块缝料折烫成双层（布边先折烫光），下层比上层宽 0.1 cm，再将包缝料塞进双层面料中，一次成型（图 1-2-38，图 1-2-39）。常用于缝制裙、裤的腰头或袖克夫等需一次成缝的部位。缝制时注意边车缝，用镊子略推上层面料，使上下松紧一致。

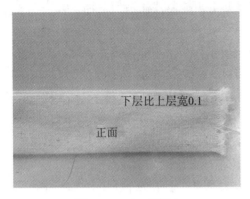

图 1-2-38　闷缝 1

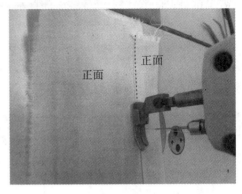

图 1-2-39　闷缝 2

（10）坐缉缝：先平缝，再将缝份朝一边坐倒，烫平后坐倒在缝份上缉明线（图 1-2-40，图 1-2-41）。常用于夹克、休闲衬衣、牛仔裤等服装。其作用一是加固；二是固定缝份；三是装饰。

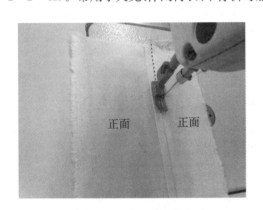

图 1-2-40　坐缉缝 1

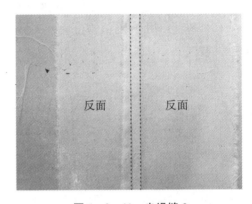

图 1-2-41　坐缉缝 2

（三）熨烫工艺

随着人们物质文化生活水平的提高，人们对服装的审美要求越来越高，每个人都希望能穿上舒适、合体，充分体现自己仪表风度的服装，由此，对服装的立体造型越来越重视。因而，作为体现服装立体造型工艺手段之一的熨烫工艺显得尤为重要。

1. 熨烫作用

熨烫是服装缝制工艺的一个重要工序，熨烫质量的好坏直接影响到成品的质量。熨烫主要有三个作用：

（1）通过喷雾、熨烫使衣料缩水，至去掉皱痕。

（2）经过热定型处理使服装外形平整，褶裥、线条笔挺。

（3）利用纤维的可缩性，适当改变纤维的张缩度与织物经纬组织的密度和方向，塑造服装的立体造型,以适应人体体型与活动的要求,达到立体造型优美、穿着舒适的目的。

2. 熨烫工具

(1)电熨斗:常用的为蒸汽熨斗,并装有自动调温器,旋转刻度盘旋钮,能将熨斗调至所需温度(图1-2-42)。又分"自身水箱式滴液"熨斗、"挂瓶式滴液"熨斗以及电热蒸汽熨斗。

图1-2-42 电熨斗

(2)熨烫台板:一般要求台板大小能便于一条裤子或一件中长大衣的铺熨工作,台板以5~6 cm厚度且不变形为宜,高度以方便工作为准。根据一般情况,台板尺寸为长110~120 cm,宽80~100 cm,高100 cm为宜。

(3)台板熨烫垫呢:通常是双层棉毯或粗毛毯,上面再蒙盖一层白棉布。白棉布使用前应先洗去浆料。

(4)布馒头:为了熨烫服装的凸出部位,如上衣胸、背、臀等造型丰满的部位所需的辅助垫烫工具,采用棉布包裹锯末做成(图1-2-43)。

(5)铁凳:主要用于肩缝、前后肩部、后领窝、袖窿等不能平铺熨烫的部位(图1-2-44)。

(6)马凳:用于熨烫裤子腰头、裤袋、裙子、衣胸等不宜平台部位的辅助工具(图1-2-45)。

图1-2-43 布馒头

1-2-44 铁凳

图1-2-45 马凳

(7)袖凳:常用于烫裙子的褶裥、裤子的侧缝、袖缝等(图1-2-46)。

(8)弓形烫板:熨烫半成品袖缝等弧形绱缝的木制辅助工具(图1-2-47)。

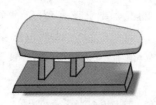

图1-2-46 袖凳

图1-2-47 弓形烫板

3. 熨烫的基本手法

(1)推烫:运用熨斗的推动压力对衣物熨烫的一种方法。当熨烫的织物面积较大,又是轻微的折皱并可平展的部位时,运用推烫的方法。

（2）注烫：运用熨斗尖部位置对衣物上某些小范围的熨烫方法。在操作时，提起熨斗底后部，用熨斗尖部位置熨烫衣物钮扣和某些饰物的周边地区。

（3）托烫：对于某些衣物不规则的部位，在熨烫时不能放在烫台上熨烫，而必须用在"棉枕头"上托着进行熨烫的方法，叫托烫。如肩部、领部、胸部、被子或一些裙子的折边应运用托烫。

（4）侧烫：对于衣物上的筋、裥、缝等部分，在熨烫时，不能影响衣物上的其它部位，就必须应用熨斗的侧面，侧着熨烫，这叫侧烫。

（5）焖烫：运用熨斗的重点压力或加重压力，缓慢地对织物进行熨烫，使之平服、挺括，这叫焖烫。主要是衣服的领子和袖子。

4. 不同材质衣料的熨烫方法

熨烫三要素为温度、湿度、压力。不同材质的面料，熨烫温度也不一样。表1－2是不同材质的熨烫温度。

表1－2　不同材质的熨烫温度

材质种类	熨烫温度℃	危险温度℃	备　　　注
棉	180～200	240	
麻	140～200	240	
涤纶	140～160	190	
腈纶	130～150	180	
毛	120～160	210	
丝	120～150	200	柞蚕丝不能喷水
黏胶纤维	120～160	200～230	短纤较长纤熨烫温度高

不同材质衣料的熨烫。

（1）毛衣皱褶抚平技法：毛衣、针织质料这一类的衣服，如果直接用熨斗去烫会破坏组织的弹性，这时候，最好用蒸汽熨斗喷水在皱褶处。如果皱得不是很厉害，也可以挂起来直接喷水在皱褶处，待其干后就会自然顺平。针织衣物易变形，不宜重重地压着熨，只要轻轻按便可。

（2）天鹅绒的熨烫技法：天鹅绒的长毛布料，熨烫时以不伤害其原有性质为原则。因此将其里面翻当成表面，将毛和毛相互重叠当作烫垫，然后由内侧用蒸汽熨斗熨过，便能使它的特殊性质更加显现出来。

（3）毛绒类棉质服装熨烫技法：毛绒类棉质服装其面料主要是灯芯绒、平绒等。熨烫时，必须把含水量在80%～90%的湿布盖在衣料的正面，把熨斗温度调至200～230℃，直接在湿布上熨烫，待湿布烫到含水量为10%～20%时，把湿布揭去，用毛刷把绒毛刷顺。然后把熨斗温度降低到185～200℃之间,直接在衣料反面熨烫,把衣料烫干。熨烫时要注意熨斗走向要均匀,不能用力过重,以免烫出亮光。

(4)皮革服装的熨烫技法:皮革服装起皱,熨时温度不可过高,掌握在80℃以内,熨时要用清洁的薄棉布做衬熨布,然后不停地来回均匀移动熨斗。用力要轻,并防止熨斗直接接触皮革,烫损皮革。

(5)绒面皮服装的熨烫技法:经清洗去污的绒面皮服装,要进行定型熨烫。对于水洗后的绒面皮服装,由于遇水后抽缩的原因使皮板发紧,可用硬毛刷将衣服全身刷一遍,这样就会使衣服变软,然后再进行熨烫。

四、任务实施

(一)缝制工艺分析

给定裤子、裙子样品,介绍手针工艺、缝型。

(二)手针工艺操作

教师示范各种手针工艺,学生边学边练,并完成一件自创作品,包含全部所学手针工艺。

(三)缝型、缝制工艺

教师示范各种缝型、缝制工艺,学生边学边练,并完成一件自创作品,包含全部所学缝型。

(四)熨烫工艺

认识各类熨烫工具,学习各种熨烫手法,了解各种面料的熨烫温度。

五、任务反思

评价项目	评价情况
请描述本次任务的学习目的。	
是否明确任务要求?	
是否明确任务操作步骤?请简述。	
对本次任务的成果满意吗?	
在遇到问题时是如何解决的?	

评价项目	评价情况
在本次任务实施过程中,还存在哪些不足？将如何改进？	
感受与体会。	

项目二　下装零部件工艺

任务一　口袋工艺

一、学习目标

（一）能制作各种形状的贴袋；
（二）能制作基本的下装插袋；
（三）能制作基本的下装挖袋。

二、任务描述

以裙子、裤子实物样品为例，介绍各种口袋类型，并进一步引导学生分析口袋结构，示范下装常用口袋工艺，通过练习，使学生掌握口袋工艺。

三、工艺介绍

（一）贴袋工艺

1. 平面贴袋

（1）按纸样进行裁剪，并烫黏衬（图 2-1-1）；为减小厚度，剪去袋口贴边外角（图 2-1-2）。

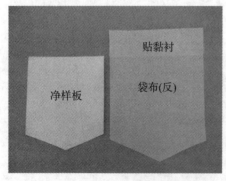

图 2-1-1　烫黏衬

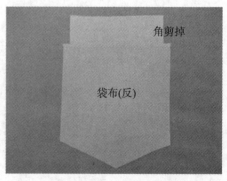

图 2-1-2　修剪袋口

（2）扣烫缝份：先将袋口贴黏合衬，然后按净线烫折袋口贴边，车缝固定袋口贴边，最后扣烫袋周边缝份(图2-1-3)。

图2-1-3　扣烫缝份

（3）装袋：先在衣片反面袋位、袋口两端烫上加固布，然后在衣片正面按袋口位置将贴袋车缝固定(图2-1-4,图2-1-5)。

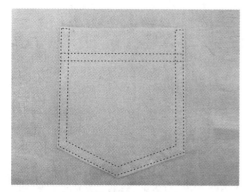

图2-1-4　正面

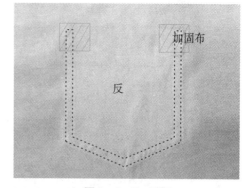

图2-1-5　反面

2. 有袋盖明褶裥立体贴袋

（1）按纸样进行裁剪(图2-1-6)。

（2）车缝袋布褶裥(图2-1-7)。

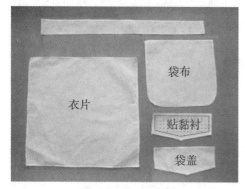

图2-1-6　裁片

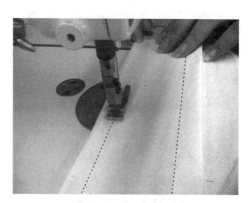

图2-1-7　车缝褶裥

（3）缝制侧袋布：将侧袋布缝头烫折，按 0.1 cm 缉线与袋布三边缝合，注意在两袋角处，袋侧布要剪刀口（图 2－1－8，图 2－1－9）。

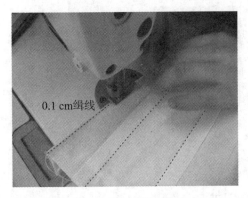

图 2－1－8　车缝侧袋布

图 2－1－9　侧袋布车缝完成

（4）装袋（图 2－1－10）。

（5）封袋口（图 2－1－11）。

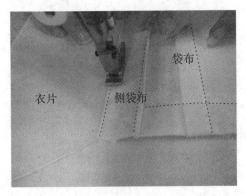

图 2－1－10　装袋

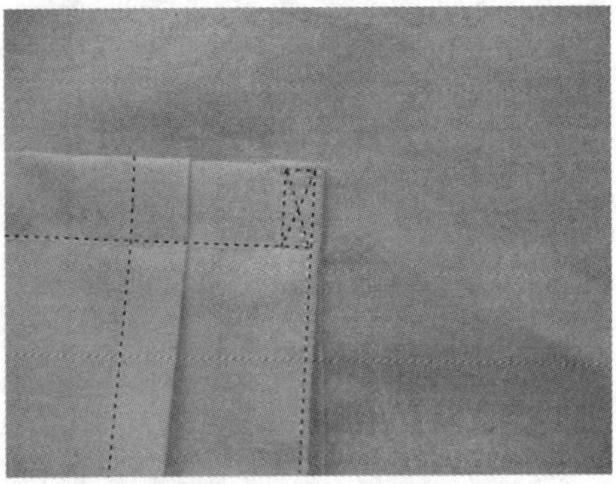

图 2－1－11　封袋口

（6）做袋盖（图 2－1－12，图 2－1－13）。

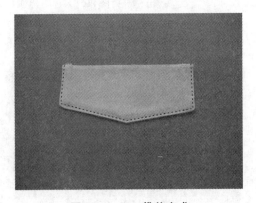

图 2－1－12　做袋盖

图 2－1－13　袋盖完成

（7）装袋盖（图 2-1-14，图 2-1-15）。

图 2-1-14 装袋盖 1

图 2-1-15 装袋盖 2

（二）插袋工艺

1. 斜插袋

（1）按纸样进行裁剪（图 2-1-16）。

（2）固定袋垫布：将袋垫布拷边，将其放在袋布上，沿里口拷边线缉一道（图 2-1-17）。

袋口贴黏衬

图 2-1-16 裁片

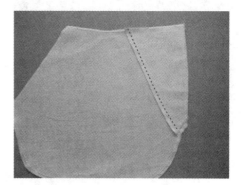

图 2-1-17 固定袋垫布

（3）装袋：将袋布与前裤片在袋口处正面相对车缝，将袋布翻到里面后烫平袋口，正面缉止口线（图 2-1-18）。

（4）缉袋底：沿袋布底缉平缝或者来去缝，缉到距离袋口 1.5 cm 处，不要缉到头（图 2-1-19）。

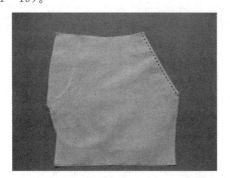

图 2-1-18 装袋

图 2-1-19 缉袋底

（5）合侧缝：合前后片侧缝，注意拉开后袋布。

（6）分烫侧缝：侧缝烫分开，后袋布袋口覆盖在侧缝分开缝上，车缝固定。

（7）封袋口：翻到正面，把袋口与袋垫布上的斜度标记放齐，缉上下封口。

2. 牛仔裤插袋

（1）按纸样进行裁剪。

（2）固定袋垫布：将袋垫布拷边，将其放在下层袋布上，沿里口拷边线缉一道(图2-1-20)。

（3）装袋：先在袋口处烫黏衬，防止袋口拉伸。将上层袋布与前裤片在袋口处正面相对，以0.8 cm缝份车缝，在缝份处打若干剪口，然后将袋布翻到里面，袋口烫出0.1 cm里外匀，并车缝两道明线(2-1-21)。

（4）合上下层袋布：将上下两层袋布按预先打好的刀眼对正，然后将两片袋布车双线缝合固定，并将缝份包缝(2-1-22)。

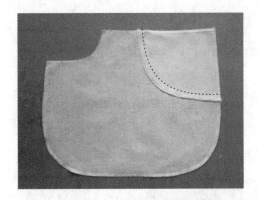

图2-1-20　固定袋垫布

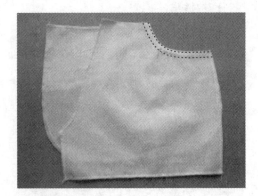

图2-1-21　装袋

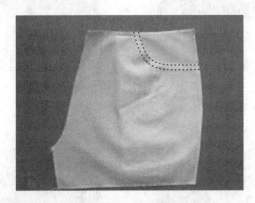

图2-1-22　合袋布

（三）挖袋

1. 单嵌线挖袋

（1）按纸样进行裁剪。

（2）缝嵌线布：在衣片正面画袋位，反面烫黏合衬，以防剪挖袋开口时散纱；然后将嵌线布放在袋位上侧缝，开始和结束回针固定(图2-1-23)。

（3）剪袋口：把嵌线布掀起，在袋位中间剪 Y 形剪口，剪口必须到位，嵌线布缝份分开熨烫（图 2-1-24）。

图 2-1-23 缝嵌线布

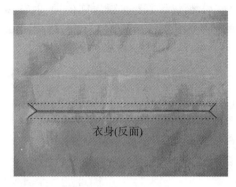

图 2-1-24 剪袋口

（4）车缝固定嵌线布：将嵌线布从袋位剪口处翻到里面，并在正面烫折 0.8 cm 宽度，然后封剪口三角，固定嵌线布（图 2-1-25）。

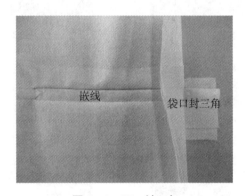

图 2-1-25 封三角

（5）固定袋布：将袋垫按一定位置缝于袋布上，并将上层袋布与嵌线缝合，下层袋布与袋剪口缝份固定。

（6）车缝袋布：将袋布用来去缝做光（图 2-1-26，图 2-1-27）。

图 2-1-26 车缝袋布

图 2-1-27 完成

2. 有袋盖的双嵌线挖袋

（1）按纸样进行裁剪。

（2）黏衬位置：衣料袋位反面、嵌线布、袋盖，并将嵌线布对折熨烫（图2-1-28）。

（3）做袋盖：缝合时袋盖里略拉出0.1 cm，使袋面稍松，形成里外匀，整烫袋盖（图2-1-29，图2-1-30）。

（4）固定袋垫布：将袋垫布与袋布对正后车缝（图2-1-31）。

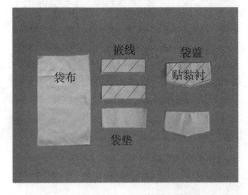

图2-1-28　裁片

图2-1-29　做袋盖

图2-1-30　袋盖完成

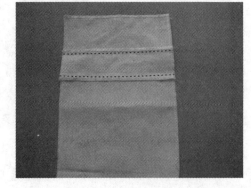

图2-1-31　固定袋垫布

（5）车缝嵌线布：在布料正面画袋位，并将两片对折熨烫好的嵌线布车缝固定（图2-1-32）。

（6）袋位开剪口：在袋位中间剪Y形的口子，两端剪到位，防止剪断缝线（图2-1-33）。

（7）翻转嵌线布：将嵌线布从剪口处拉入反面，袋口两端三角也拉到反面，回针车缝固定（图2-1-34，图2-1-35）。

（8）车缝袋布和嵌线布：将袋布下口与嵌线布下口对齐车缝。

（9）夹袋盖：从袋口处插入袋盖，与嵌线上边车缝固定；整理袋盖使其平整，从正面在袋盖与前线条的接缝处缉落漏缝（图2-1-36，图2-1-37）。

（10）袋布缝合：在袋布四周车缝后，三线包缝。

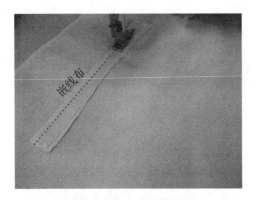

图 2-1-32　车缝嵌线布

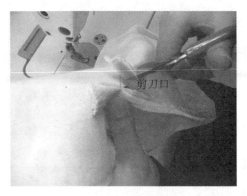

图 2-1-33　袋位开剪口

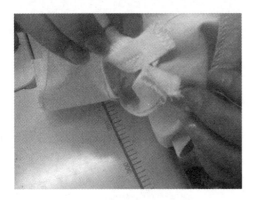

图 2-1-34　翻转嵌线布

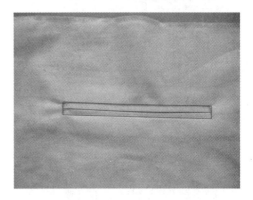

图 2-1-35　袋口封三角

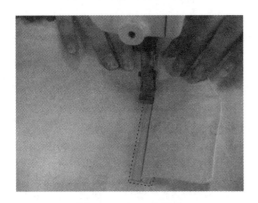

图 2-1-36　夹带盖

图 2-1-37　完成

四、任务实施

（一）口袋类型介绍

给定裤子、裙子样品，介绍各种口袋类型。

（二）口袋工艺操作

教师示范各种口袋工艺，学生边学边练，并设计各种形状的口袋进行制作。

五、任务反思

评价项目	评价情况
请描述本次任务的学习目的。	
是否明确任务要求?	
是否明确任务操作步骤?请简述。	
对本次任务的成果满意吗?	
在遇到问题时是如何解决的?	
在本次任务实施过程中,还存在哪些不足?将如何改进?	
感受与体会。	

任务二　开口工艺

一、学习目标

（一）能进行裙子开衩工艺操作；

（二）能进行拉链开口工艺操作。

二、任务描述

以裙子、裤子实物样品为例，介绍裙子开衩，裤子、裙子拉链工艺类型，并进一步分析开衩、拉链结构，进行裙子开衩工艺、拉链开口工艺操作。

三、工艺介绍

（一）开衩工艺

1. 有里布的裙下摆开衩

（1）按纸样进行裁剪（图 2-2-1，图 2-2-2）。

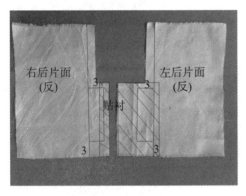

图 2-2-1　面料裁片

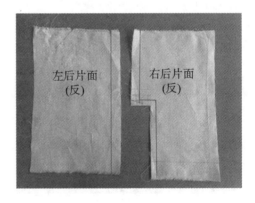

图 2-2-2　里料裁片

（2）车缝开衩：面布后中线 1.5 cm 缝合到缝合止点，并转弯缝至延伸布开衩宽处（图 2-2-3）。

（3）整理缝份：左侧缝合止点从斜向剪口后，分缝烫开缝合止点以上的缝份，并将右后片开衩处面料烫折 4 cm（图 2-2-4，图 2-2-5）。

（4）缝合里布后中心线：从净线记号的 0.2 cm 外侧缝合里布，车到缝合止点为止，并将开衩缺口转角处打剪口(图2-2-6,图2-2-7)。

(5)车缝里子下摆:里子下摆1 cm三折缝(图2-2-8)。

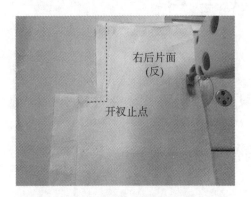

图2-2-3 车缝开衩

图2-2-4 整理缝份

图2-2-5 烫折右片开衩

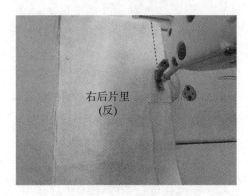

图2-2-6 车缝里布后中线

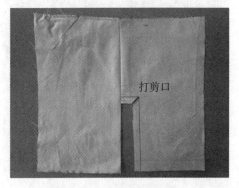

图2-2-7 转角处打剪口

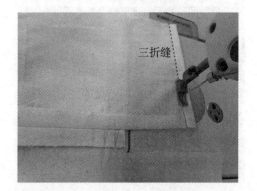

图2-2-8 里子下摆三折缝

(6)缝合左片里布和面布:将左片里布和面布正面相对缝合(图2-2-9,图2-2-10)。

(7)缝合右片里布和面布:将右片里布和面布正面相对缝合(图2-2-11,图2-2-12)。

(8)缝合开衩顶部面里布:将开衩以上部分里子翻下,将开衩顶部面、里布正面相对缝合固定(图2-2-13)。

(9)车缝面布下摆:将面布下摆按3~4 cm折边量烫折,完成开衩(图2-2-14,图2-2-15)。

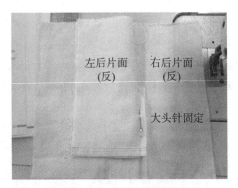

图 2-2-9　固定左片面里布

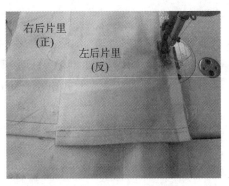

图 2-2-10　缝合左片面里布

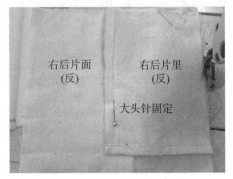

图 2-2-11　固定右片面里布

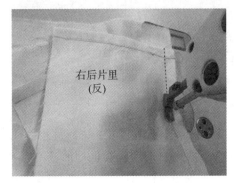

图 2-2-12　缝合右片面里布

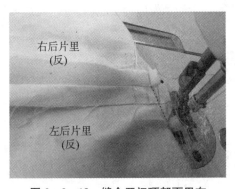

图 2-2-13　缝合开衩顶部面里布

图 2-2-14　面布下摆烫折

图 2-2-15　开衩完成(正面)

（二）拉链开口工艺

1. 裤子前片拉链开口

（1）按纸样进行裁剪，并且在门襟和里襟上贴衬（图2-2-16）。

（2）拉链与里襟固定：离开里襟对折边3 cm处车缝固定（图2-2-17）。

图2-2-16　裁片

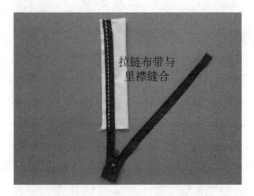

图2-2-17　固定拉链和里襟

（3）门襟与裤片固定：将前裤片裆缝车缝至拉链止点，并将门襟以0.8 cm分缝车缝固定到裤片上，按1 cm缝份进行烫进门襟，做出0.2 cm的里外匀（图2-2-18）。

（4）固定里襟与裤片：里襟与裤片正面相对车缝（图2-2-19）。

图2-2-18　固定门襟与裤片

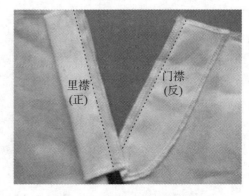

图2-2-19　固定里襟与裤片

（5）门里襟与裤片车缝处缉0.1 cm明线（图2-2-20）。

（6）固定拉链的另一边与门襟：对正左右前片，掀开里襟布，将拉链的另一边与门襟固定（图2-2-21）。

（7）门襟车装饰线：掀开里襟布，再从正面车一道固定门襟的装饰明线。固定门襟后，再把掀开的里襟布放回原处，把里襟布用回针缝缝到开口止点的位置固定（图2-2-22）。

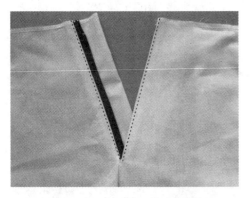

图 2-2-20 缉 0.1 cm 明线

门襟(正)

图 2-2-21 固定拉链与门襟

图 2-2-22 门襟缉明线

2. 裙子隐形拉链

（1）缝合后中心线：缝合后中心线至装拉链止点，并分烫缝份（图 2-2-23）。

（2）假缝固定拉链：将隐形拉链齿中心对正后中线，用大头针或手针假缝固定（图 2-2-24）。

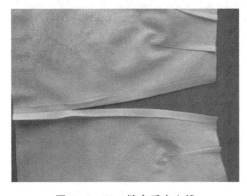

图 2-2-23 缝合后中心线

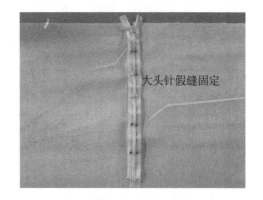

大头针假缝固定

图 2-2-24 假缝固定拉链

（3）车缝隐形拉链：使用专门的隐形拉链压脚或单边压脚，机针贴紧拉链齿边缘车缝（图 2-2-25～图 2-2-27）。

（4）车缝里布：里布后中心线缝合至拉链止点，并分缝熨烫（图2-2-28）。

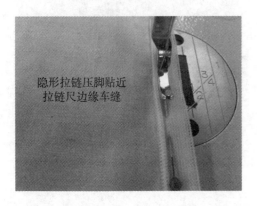

图2-2-25　车缝隐形拉链

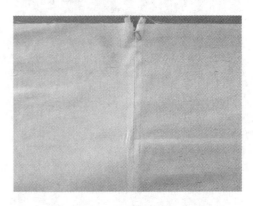

图2-2-26　车缝完成（反面）

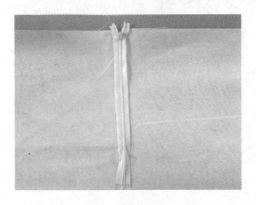

图2-2-27　车缝完成（正面）

图2-2-28　车缝里布

（5）固定里布与拉链：将里布对正拉链放齐，并将里布、拉链、面布三层一起车缝（图2-2-29，图2-2-30）。

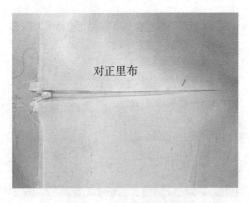

图2-2-29　摆放里布

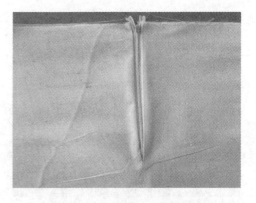

图2-2-30　固定里布与拉链

3. 普通拉链开口

（1）缝合侧缝线。在装拉链的缝份处贴牵条，并车缝至拉链止点（图2-2-31）。

（2）整烫开口缝份。将后片侧缝缝份拉出 0.3 cm 折叠，在折叠前，用熨斗烫开开口止点以下的缝份。从开口止点以下 2～3 cm 处向外拉出 0.3 cm 的量（图 2-2-32）。

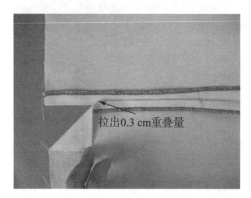

图 2-2-31　缝合侧缝线　　　　　　　　图 2-2-32　整烫开口缝份

（3）缝合拉链和后片。把拉链齿上端对正腰围线记号往下约 0.7 cm 处，车缝固定（图 2-2-33～图 2-2-35）。

（4）缝合拉链和前片。把拉链拉上，将前片叠在后片的开口上，用大头针固定，再从开口止点向腰围线车缝（图 2-2-36～图 2-2-38）。

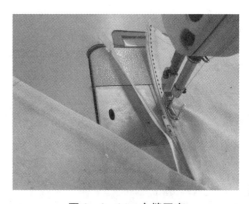

图 2-2-33　固定拉链和后片　　　　　　图 2-2-34　车缝固定

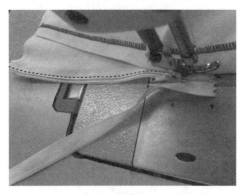

图 2-2-35　车缝至开口以下 0.7 cm　　　图 2-2-36　固定拉链和前片

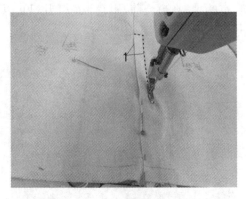

图 2-2-37　车缝 1 cm 明线

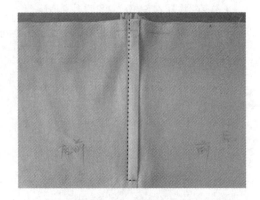

图 2-2-38　完成

四、任务实施

（一）裙子开衩、裤子裙装拉链开口类型介绍

给定裤子、裙子样品,介绍裙子开衩,裤子、裙子拉链开口结构。

（二）裙子开衩工艺操作

教师示范裙子开衩工艺,学生边学边练,掌握开衩工艺。

（三）裙子、裤子拉链开口工艺操作

教师示范裙子、裤子拉链开口工艺,学生边学边练,掌握各种拉链开口工艺。

五、任务反思

评价项目	评价情况
请描述本次任务的学习目的。	
是否明确任务要求?	
是否明确任务操作步骤? 请简述。	
对本次任务的成果满意吗?	
在遇到问题时是如何解决的?	

（续表）

评价项目	评价情况
在本次任务实施过程中,还存在哪些不足? 将如何改进?	
感受与体会。	

项目三 裙装结构设计与工艺

任务一 西服裙结构设计与工艺

一、学习目标

（一）熟悉裙子的基本构成；

（二）熟悉裙子各部位名称；

（三）能够进行基本裙样板制作；

（四）熟悉工业样板概念及制作程序；

（五）熟悉裁剪样板的放缝、标记及文字标注；

（六）能进行西服裙款式分析、尺寸设计；

（七）能进行西服裙的结构设计；

（八）能进行西服裙整套裁剪样板制作；

（九）能进行西服裙的缝制工艺。

二、任务描述

在了解、熟悉裙子基本知识的基础上，分析给定西服裙的款式特征，设计各部位尺寸，并进行西服裙结构设计，要求结构设计合理、比例协调，并在此基础上进行样板处理，制作符合企业要求的整套裁剪样板。选择合适的面料进行样衣制作，掌握西服裙的缝制工艺。

三、知识准备

（一）裙子的基本构成

裙子的基本形状比较简单。它是人体直立姿态下，围裹人体腰部、臀部、下肢一周所形成的筒状结构。

裙子基本形状的构成因素包括一个长度（裙长）和三个围度（腰围、臀围、摆围）（图 3-1-1），这四个因素相互之间按一定比例关系组合就可以构成各种各样的裙子。

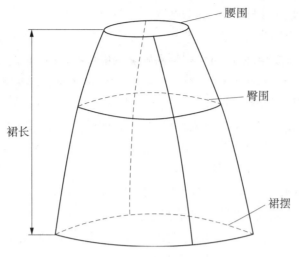

图 3-1-1　裙子基本构成

1. 裙长(L)

裙长是构成裙子基本形状的长度因素。裙长一般起自腰围线,终点则没有绝对标准,裙长设计以人体下体长为基准,也可以以身高比例得到。裙子按长度分类可以有以下几种(图3-1-2):

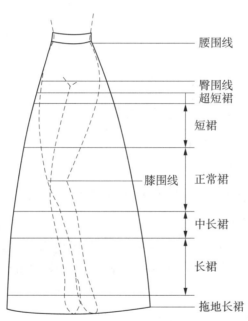

图 3-1-2　裙长分类

(1) 超短裙:长度至臀沟,腿部几乎完全外裸,约为 1/5 号+4 cm。

(2) 短裙:长度至大腿中部,约为 1/4 号+4 cm。

(3) 及膝裙:长度至膝关节上端,约为 3/10 号+4 cm。

(4) 过膝裙:长度至膝关节下端,约为 3/10 号+12 cm。

（5）中长裙：长度至小腿中部，约为 2/5 号+6 cm。

（6）长裙：长度至脚踝骨，约为 3/5 号。

（7）拖地长裙：长度至地面，可以根据需要确定裙长，长度大于 3/5 号+8 cm。

2. 腰围（W）

在裙子的三个围度中，腰围是最小的，裙子腰围尺寸根据人体净腰围大小进行设计。人体在坐着时腰围平均增加 1.5 cm，在自然呼吸、进餐前后有 2 cm 左右的差异；蹲坐前屈时腰围增加 3 cm 左右。从生理学角度上讲，腰围缩小 2 cm 后对身体没有影响。所以，腰围宽松量取 0~2 cm 均可。

根据腰围线的高低，可以将裙子分为以下几种（图 3-1-3）：

（1）自然腰裙：腰围线在正常腰位的裙子。

（2）无腰裙：是指没有腰头的裙子，在裙子的基本型中去除腰头就是一条无腰裙。

（3）连腰裙：是指腰头和裙身连在一起的裙子。

（4）低腰裙：腰围线较正常腰位低的裙子，由于腰位的降低，使得裙子腰围与臀围处的差量减少，所以减少省道设计，也可以将省道转移至育克的剪接线之中，成为育克式低腰裙。

（5）高腰裙：与连腰裙相似，腰口线高于人体的腰际，一般高腰裙的腰头与裙身连为一体，不需要另装腰头。若腰部过宽，则应考虑人体胸背部位的结构而设计腰部。

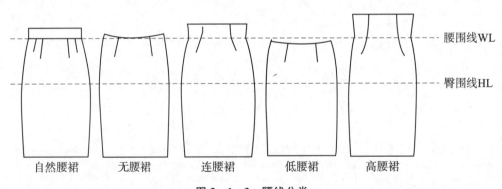

图 3-1-3　腰线分类

3. 臀围（H）

臀围是人体臀部最丰满处水平一周的围度。但由于人体运动，臀部围度会产生变化，所以需要在净臀围尺寸上加放一定的运动松量。同时，由于款式造型的变化，还需要加入一定的调节量。

影响臀围变化的动作主要有立、坐、蹲等。臀围随运动发生横纵向变形，使围度尺寸增加，此时必须有足够的宽松量满足人体的动作需要。通过实验表明，臀部的胀度在坐在椅子上的时候平均增加 2.5 cm，蹲坐时平均增加 4 cm 左右，所以臀部宽松量一般最低设计为 4 cm。

4. 摆围

裙子下摆一周为摆围。它是裙子构成中最活跃的围度。一般来说，裙摆越大，越便于下肢活动，裙摆越小，越限制两条腿动作的幅度。但是，也不应得出裙摆越大活动就越方

便的结论。裙摆的大小应主要根据裙子本
身的造型、穿着场合及不同的活动方式而
作出不同的设计。裙摆的变化也是裙子分
类的主要依据。根据裙摆大小可以将裙子
分成以下几种(图3-1-4):

(1)直裙:摆围和臀围基本相同的裙
子,属于结构较严谨的裙装款式,如西服裙、
旗袍裙、筒形裙、一步裙等都属于直裙结构。
其成品造型以呈现端庄、优雅为主格调,动
感不强。

(2)斜裙:裙摆往外张开的裙子,通常
称为喇叭裙、波浪裙、圆裙等,是一种结构较
为简单、动感较强的裙装款式。从斜裙到直
裙按裙摆的大小可分为整圆裙、半圆裙、大
A型裙、小A型裙、紧身裙、旗袍裙等。

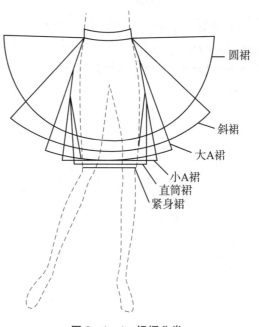

图3-1-4 裙摆分类

(二)裙子各部位名称

裙装是一种比较简单的下装形式,学习裙子结构前,应先对裙子各部位的名称有所了解
(图3-1-5)。

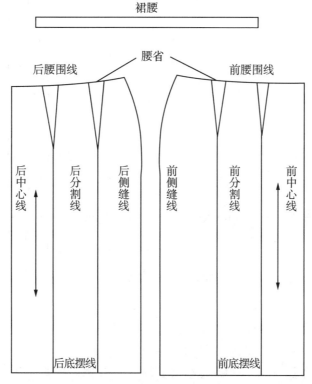

图3-1-5 裙子各部位名称

（三）裙子基本型

最简单、快捷的裙子结构设计方法，是运用裙子基本型，通过一定的运用方法和技巧，基本裙版进行变化处理而得到相应的裙子板型。但宽松裙和圆裙除外，它们的版型不需要运用基本型版进行变化就可得到。

裙子基本型所需要的必要尺寸包括：裙长、腰围、臀围。

号型 160/64A，腰围 64 cm＋2 cm＝66 cm，臀围 88 cm＋4 cm＝92 cm，裙长 58 cm。

1. 基本框架（图 3－1－6）

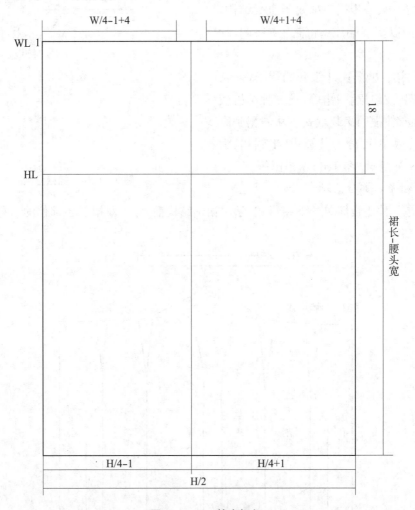

图 3－1－6 基本框架

（1）作长方形：长＝裙长－腰头宽（3），宽＝H/2，长方形的上口为腰围基础线，下口为下摆基础线，右边线为前中基础线，左边线为后中基础线。

（2）作臀围线：距离腰围基础线做间距为 18 cm 的平行线。

（3）作侧缝基础线：距离前中基础线为 H/4＋1 cm 作平行线。

（4）确定前后腰围大：前腰围大＝W/4＋1 cm＋4 cm(省)，后腰围大＝W/4－1 cm＋4 cm(省)。

2. 结构线完成(图 3-1-7)

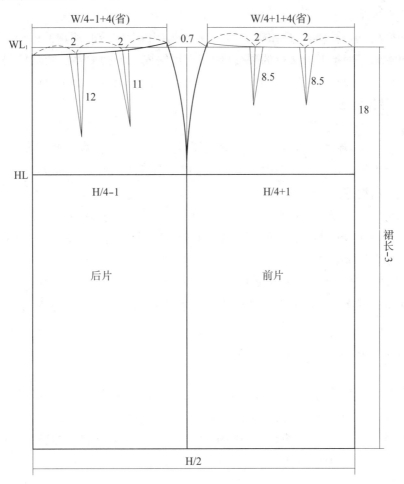

图 3-1-7　结构线完成

（1）前后片腰围线在侧缝处起翘 0.7 cm，后中低落 1 cm，用圆顺的弧线画出前后腰围线。

（2）臀围线以上部分前后侧缝线用圆顺的弧线连接，弧度符合人体相应位置曲线。

（3）作前后腰省：将前后腰围线三等分，在等分处各作两个省道，省中线垂直于腰围线。由于臀凸位置较腹凸位置靠下，因此后片省长大于前片，前片省道各取 8.5 cm 长，后片靠近后中心的省道取 12 cm，靠近侧缝线的省道取 11 cm。

（四）服装工业样板

服装工业样板(工业纸样)是服装工业化生产中,进行排料、划样、裁剪的一种模板,也为服装缝制、后整理提供了便利,同时又是检验产品形状、规格、质量的技术依据。

1. 工业样板的种类

工业样板的种类很多,就其用途来讲大致可分为裁剪样板、工艺样板两大类。

（1）裁剪样板

裁剪样板又称毛样板、大样板等,即排料、划样、裁剪时用的样板。就组成来讲,可将大样板分为面子样板、里子样板、黏衬(衬)样板等。

(2) 工艺样板

又称净样板、小样板等。是扣烫、劈剪、勾缝、缉明线及定位时所用的样板。其材料可用硬纸板、砂皮纸、或用粘上无纺衬的硬皮纸,甚至用铁皮等。其主要目的是控制成衣各种有规定的小规格,保证服装造型和规格的一致性及标准化,同时提高服装生产的效率。

2. 工业样板的特点

(1) 成衣规格和样板规格

在定制服装中,裁制服装前,为防止成衣规格的缩小及服装不合身,往往采用面料预缩的办法。如对棉、麻、丝绸面料采用直接放入水里浸泡透,晾干后再裁制;毛呢面料可采用均匀喷水或盖水布烫缩。

在成衣生产中,由于工艺上的要求,通常面料不一定先进行预缩处理,而是在做成成衣后再去进行水洗、石磨或砂洗处理,此时的成衣规格可能由于面料受各加工工艺的影响产生收缩而变小。因此,在制作样板时,为了保证成衣规格在规定的服装公差范围内,样板规格就必须在成衣规格的基础上加放一定的量,即通常情况下样板下样板规格不等于成衣规格。实际生产中采用先计算样板规格(制图规格),再进行制图。样板规格等于成衣规格加上面料缩率和工艺损耗率。

(2) 缩率

缩率包括缩水率(水洗缩率、砂洗缩率)、自然回缩率、缝制缩率、熨烫缩率等等。

1) 缩水率

缩水率与面料的纤维特性、组织结构、生产加工工艺过程等有着密切关系。吸湿性好的纤维,缩水率一般也大;织物结构松紧也会影响面料的缩水率,一般稀松结构的面料要比紧密结构的面料缩水率大;面的经纬向缩水率也不一样,一般直料的缩率大于横料,因为在织造及印染加工过程中,经纱受到的拉伸张力要大于纬纱。

2) 自然回缩率

自然回缩率是由于各种面料在织造、印染等生产加工过程中,受到一系列的机械拉伸,使面料产生一定的伸长并形成一定的内应力,当面料经裁剪变成裁片以后,由于消除了约束力,面料会有一个自然回缩的过程。因此为了保证成衣规格的准确,在制作样板时需考虑自然回缩率的影响。

3) 缝制缩率

缝制缩率是指面料经过缝制加工后,缝口产生的长度缩短。它与缝型(平缝、来去缝、包缝等)、缝线张力、压脚张力、面料性能等有较大的关系。一般缝纫缉线越多,缝缩越大,如缉双线的缩率要大于缉单线的;缝线张力、压脚压力越小,缝缩就越小;面料越薄、结构越稀松,缝缩就越大。

4) 熨烫缩率

熨烫缩率是指在服装加工过程中由于受到热湿的作用(熨烫)而产生的缩率。熨烫缩率主要与面料的性能有关,大部分面料经熨烫后会产生收缩,且直丝与横丝方向缩率一般不同,也有少量的面料经熨烫后反而会产生伸长的现象。

以上是服装工业制板时需要考虑的面料缩率,实际生产中由于面料、工艺等因素的综合影响,情况还会更复杂,企业一般采用以下两种办法来解决缩率问题。

1) 面料解决

面料预缩,一般高档的服装,要求对条、对格的服装在制作前要先用预缩机预缩面料,并放置一段时间,让面料在裁剪前得到充分回缩。

2) 样板解决

缩放样板。在打板前先看面料,并结合制作工艺,考虑缩率的大小,适当缩放样板。

① 根据经验,大致确定缩率的大小。

② 采用面料测试的办法。

根据估算或测试的数据,作为计算样板尺寸的依据,再考虑缝制等其他工艺的影响,算好样板尺寸,即可制板。

3. 工业样板制作的程序

(1) 确认样制作

服装工业化生产主要是根据内、外销售客户提供的来样,按样品进行批量生产。客户来样一般有以下几种形式:一是客户来服装效果图及资料(包括成品规格、面辅料要求、生产工艺制作、熨烫、包装及成品质量要求等)。这类是带有设计性质的确认样制作,一般只有设计技术力量较强的服装企业接受这种形式;二是客户来样及资料。这种形式是目前做外贸单的企业经常遇到的形式;三是客户直接来标准纸样(独码或奇码纸样)及资料,工厂只要在标准纸样的基础上加放缩率及打制一些小样板即可。无论是哪一种形式的来样,工厂首先要做的工作就是打制确认样。

1) 确认样

所谓确认样,就是制作给客户确认的样品。确认样代表这个商品的品质,作为大批量生产和成品在交货时品质和标准的依据。

2) 确认样制作

打制头样板(确认样)的步骤大致如下:

① 款式、规格等客户资料的审核

在制作样板之前首先要对客户的款式、规格等进行全面的审核,认真查看客户的规格单,了解各部位的具体规格和公差规定,准确掌握产品的款式、造型和内在结构特点,各部位的缝份大小、折边宽度、丝缕方向等有关规定都要完整地体现在样板上。

② 掌握工艺特点和生产顺序

掌握产品的构成形式,各部位部件的缝制、锁钉、整烫等工艺要点及顺序。因为样板制作特别是小样板的制作与生产工艺、顺序有极大的关系,因此凡是与样板制作有关的情况,都应掌握,以便制作样板时有的放矢,准确无误,合理科学地提高生产效率与成品质量。

③ 掌握面辅料的质地与性能

服装材料的性能、质地各不相同,必须掌握面辅料的成分、缩水率、耐温等情况,以便打制样板时作出相应的调整。另外,头样板应使用与大批量生产相同的面辅料,以便正确掌握面辅料的缩率等工艺参数,使样板制作能准确地运用于本批原料的性能。

④ 确定样板规格

样板规格的确定是制作样板的重要工序，根据客户提供的成品规格，加上面辅料的缩率，即可得到样板规格。这项工作必须仔细，逐个部位地计算、检查，使样板准确无误。

⑤ 样衣及样衣制作

以上这项工作做好后，就可以正式打确认样，如果有大、中、小码，则一般打中码，即中间规格的样板。除客户有明确要求以外，一般确认样是打制三件，其中两件给客户，一件留厂存档，而且三件必须完全一致。

⑥ 资料收集、样板存档

确认样板做好后，必须将面辅料的耗用情况详细地记录下来，出现的问题及处理方法也应及时记录下来，为制定必要的生产技术管理提供可靠的依据。此外，大样板、小样板等都要及时存档。

确认样做好后要及时送到客户或外贸公司手中，以便客户能及时收到样品确认，工厂则等待客户的反馈意见，这样确认样的工作就告一段落。

（2）生产样板制作

1）确认意见

所谓确认意见，就是客户或外贸公司收到确认样后提出的认可更改意见。更改意见必须有书面的有效凭证，不能用电话或口头提出更改意见，否则无效。

2）基准样板（母板）制作

收到客户确认意见后，首先要仔细研究与样板有关的确认意见，在确认样板的基础上，及时对样板的规格、造型等根据客户确认意见进行更改与修饰，使样板更趋完美、合理，即成为基准样板。

3）面辅料清单

确认产品可以投产后，技术部门就要将面辅料、包装等详细通知有关部门，如计划、供销、仓库等，以便及时采购和订货。

4）生产样板制作

根据客户资料中的各种规格要求或按照国家服装号型系列中的档差，以基准样板为依据，按一定的推档（放码）方法制作出一系列的工业生产样板、包括大样板、小样板等。

4. 裁剪样板的放缝、标记及文字标注

（1）裁剪样板的放缝

放缝也称缝份、做缝、缝头等，是指各衣片相互缝合所需要的加放宽度，以 cm 为单位。缝份主要是根据服装设计的要求、面料的结构性能及缝制工艺要求等因素来决定的。具体的方法要求如下：

1）服装设计的要求

指服装款式上的要求，如辑明线的部位，必须根据设计辑线宽度的要求，再来放缝，如下摆折边、袖口折边、裤口折边没有里布而采用辑明线设计的情形。辑的明线越宽，则放缝越多。另外还与服装设计的档次、工艺等有关。高档的采用三折边工艺，较低档的可采用包缝工艺。例如，一般高档的三折边放缝：厚料为辑线＋0.6～1 cm；薄料三折边放缝为辑线宽×2；低档包缝工艺的放缝为辑线宽＋0.5 cm。对于设计要求比较高的服装，则止口部位要求较薄，放缝须少放，但增加了缝纫工艺的难度。对于外贸加工单的服装，客户来样放缝是多少，则裁剪样板必须放缝多少，一般不准改动。

2）面料的结构性能

放缝必须考虑面料的结构特点，对于结构较松散及容易脱散的面料（如涤麻等），缝份须适当加宽。

3）缝纫工艺要求

① 平缝缝份一般为 0.8～1.2 cm，常用 1 cm。

② 领面、袋盖等平缝缉好后翻过来称为勾缝，勾缝的缝份一般为 0.6 cm。

③ 压缉缝常用于贴袋、衬衣覆肩等，缝份一般为 0.6～1 cm。

④ 内包缝常用于肩缝、侧缝、袖缝等部位，缝份宽边为 1.4～1.6 cm，窄边为 0.7～0.8 cm。

⑤ 来去缝适用于不宜用三线包缝的料子，如丝绸等细薄面料，或无包缝机时使用。

⑥ 搭接缝亦称骑缝，适用于各种衬布的拼接，缝份一般为 0.8～1 cm。

⑦ 坐缉缝指倒缝上有缝头的一侧缉明线，由于款式设计要求的明线宽度不等，故加放缝头也随之不同。

⑧ 三折缝指布料把一缝份约为 0.6 cm 折过后，再折过一宽度的缝份，对于底摆、袖口、裤口的折边一般放缝 3～4 cm，拉链、袋布两侧的放缝一般为 1.5～2 cm。

5. 裁剪样板的放缝方法

（1）放缝原则

放缝必须根据缝份的大小，毛缝线与样板的净缝线保持平行，即平行加放原则（图 3-1-8）。

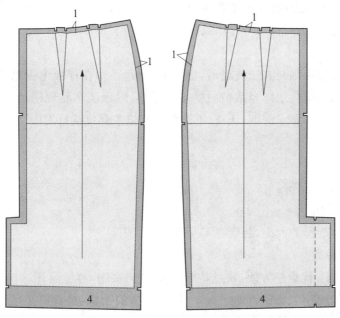

图 3-1-8　平行加放原则

（2）放缝方法

以裤子裆部为例，按平行加放的原则可方便、快速地完成放缝。但是在缝制下裆缝时，由于端角缝头长短不等，缝制时很容易发生错位现象，使缝纫精确度下降。要解决这个问题，必须采取以下方法：一是缝合线上打对刀眼；二是端角的缝头制成四边形，且对应相等。只有这样才能保证缝纫质量。

具体的方法：一是采用延长需要缝合的净缝线，与另一毛缝线相交，过交点作缝线延长线的垂直线，即可按缝份画出四边形；二是缝合后再分缝即成所示形状（图3-1-9）。

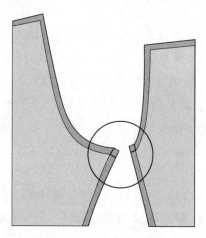

图3-1-9 缝边角处理

（3）底摆、裤口等部位的折边放缝

采用折边清剪法，即将折边沿折边线向上翻折，然后直接根据毛缝线清剪，并按折边宽放缝即可。另一种方法是制图法，适用不宜折叠的硬纸板，即以折边线为中心线，根据折边宽做翻折后的放缝线，由对称原理作出放缝线（图3-1-10）。

6. 样板标记

净样板根据上述原则与方法放缝后，成为毛样板，还须在样板上做出各种各样的标记，主要用作样板推档、排料、划样及裁剪时的定位依据，以保证产品规格及造型的准确性。因此，样板标记十分重要，要求仔细、认真、不遗漏。标记主要包括打刀眼、钻孔、省及折裥的倒向等（图3-1-11）。

（1）刀眼

刀眼亦称眼刀、剪口等。

1）打刀眼的作用

刀眼可以表示缝份的大小，起到对刀及定位的作用。

2）打刀眼的种类

① 剪刀打刀眼：优点是方便，缺点是剪口尖，受力集中，容易撕开。

② 刀眼钳打刀眼：刀眼钳类似于火车、汽车检票的工具，是目前工厂常用的工具，打出的刀眼规矩，深度、宽度容易掌握。

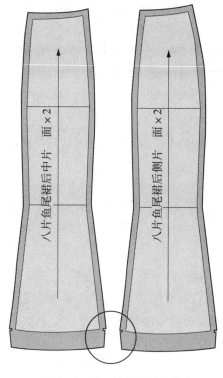

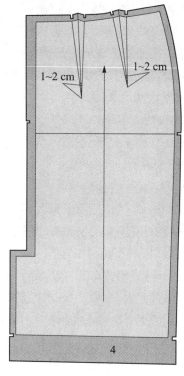

图 3-1-10 底摆折边放缝   图 3-1-11 样板标记

3) 打刀眼的原则

① 深度：刀眼的深度一般为 0.5 cm 左右。

② 方向：刀眼方向要垂直于净缝线。

③ 有特殊作用的刀眼：用来表示缝份大小的刀眼打法，其原则是根据缝制顺序在要车缝的两端(起止点)打上刀眼；用作定位的刀眼，如下摆折边、挂面宽、开衩位等，锥形省道、折裥的上端、拉链止点，以及裤直插袋袋口定位等；用作对刀的刀眼打法比较灵活，一般指较长的缝子或两部位有特殊装配关系的，如袖窿与袖山弧线、领子与领圈弧线等，按样板设计准确地缝合，刀眼可多可少，根据具体情况而定。

(2) 钻眼

钻眼亦称打孔。

1) 钻眼的作用

钻眼用于口袋位、省道位等的定位。因为这些部位往往位于衣片中央而无法用刀眼来表示。

2) 钻眼的方法

钻眼一般用锥子或凿子手工打眼，孔径在 0.5 cm 左右，钻眼的大小以方便画样为宜。具体的部位是挖袋在嵌线的中央，两端推进 0.5~1 cm；省道在省中线上，省尖推进 1~2 cm (图 3-1-11)，具体可根据省道大小及工厂的既定习惯来定。

(3) 省道及褶裥的倒向标记

工业样板中省道及褶裥的倒向标记一般有以下两种：

1) 用约 45°的斜线表示褶裥、省道的位置及方向。斜线高的一方为上层。

2) 箭头方向表示褶裥与省道的方向

在这里需要着重说明的是,样板的标记不同于裁片的标记。样板是排料、画样及裁剪的依据,要求标记准确,刀眼、钻眼较大,利于划样;而裁片的标记是缝制工艺的基础,刀眼深度应窄于缝头宽度,一般为缝头宽的一半,钻眼直径宜小,约 0.2 cm,以免缝后钻眼外露。

7. 样板的文字标注

工业样板由于是系列样板,为防止搞错,有利于工业化生产及存档,需要在样板上做文字标注,便于识别。

(1) 文字标注内容

1) 样板的丝缕标记及面料的倒顺毛的顺向标记。丝缕标记可以用两端或一端的箭头来表示,顺向标记只能用一端的箭头来表示。丝缕线表示要求准确,长一些,尽量利用样板中的基础线,以利于排料画样。

2) 款号或者客户名称、代号等。可以用阿拉伯数字、中文及英文来表示。

3) 样板的结构名称。如前片、后片、侧片、大袖片、小袖片、领面等等必须加以标明。有些产品左右衣片不对称,或者衣片有不同的横分割,则应标明其左、右片、上、下或正、反面的区别。

4) 标明样板属于面、里、衬、袋布及镶色配料等。有的直接用文字写出面、里等,有的用不同的颜色来区分面、里等。

5) 裁剪的片数或排料的次数。

6) 样板规格。包括号型规格,如 160/84A,170/88Y 等,英文字母 S、M、L 表示的大、中、小以及客户提供的一些特殊表示方法。

(2) 文字标注的要求及样板整理

1) 标注必须清晰、准确,一般文字标记应采用文字号码图章盖在样板上,如果用手写代替,则字迹必须端正。

2) 一套样板制作完成后,应按技术管理工作的程序要求,进行认真的自检与复核工作,避免任何欠缺与误差。

3) 每一块样板应在其一端打直径为 10~15 mm 的圆孔,便于穿孔吊挂。

4) 样板按每一号型的规格,并区别面、里、衬等各自集中串联在一起,便于管理。

(五) 排料裁剪

排料是裁剪的基础,它决定着每个样板的位置及使用面料的多少。排列前必须对款式的设计要求和缝制工艺了解清楚,其次对所要缝制的面料性能有足够的认识,在排料时要注意以下几点:

1. 先要对面料进行预缩和整理;

2. 认清面料的正反面;

3. 确定面料的铺设方式;

4. 确认衣片是否左右对称;

5. 面料的方向性；

6. 节约面料。

服装的成本在很大程度上在于面料用量的多少，而决定面料用量多少的关键又是排料方法。排料的目的之一就是要找出一种用料最省的样板排放形式，这很大程度上要靠经验和技巧。

1）先大后小。排料时，先将主要部位较大的样板排放好，然后再把零部件较小的样板在大片样板间隙中及剩余部分进行排放。

2）紧密排料。样板形状各不相同，其边线有直的、有斜的、有弯的、有凹凸的等等。排料时，应根据它们的形状，采取直对直、斜对斜、凹对凸，弯与弯相顺，这样可以尽量减少样板之间的空隙，充分利用面料。

3）缺口相拼。有的样板具有凹状缺口，但有时缺口内又不能插入其他部件。此时应将两片样板的缺口拼在一起，使两片之间的空隙加大，这样就可以排放另外一些小片样板。

四、任务实施

（一）款式分析

图 3 - 1 - 12　款式图

紧身及膝裙，前后片各 4 个省道，后中装拉链，后中底摆开衩（图 3 - 1 - 12）。此款裙子是直接在裙子基本型的基础上变化而来，是裙装中最基本的式样，给人端庄、严谨、挺拔的外观，因此适合做职业装。

（二）规格设定

此款裙子为及膝裙，根据及膝裙的定义，长度一般至膝关节上端，约为 3/10 号＋4 cm，以此来设定裙长。紧身裙臀围一般在净臀围基础上加放 3～5 cm，腰围在净腰围基础上加放 0～2 cm。因此对于 160/64A 的人来说，成品裙子尺寸可做如下设定：

裙长＝52 cm，腰围＝68 cm，臀围＝92 cm。

由于面料在裁剪制作过程中存在着损耗，在设定制板规格时，要适当加入由于面料缩率、工艺损耗等引起的损耗量。则实际制板裙长设定为 53 cm,臀围设定为 93 cm 左右。

细部规格:腰宽 3 cm,拉链长 17 cm,后衩高 15 cm。

(三)结构制图(图 3-1-13)

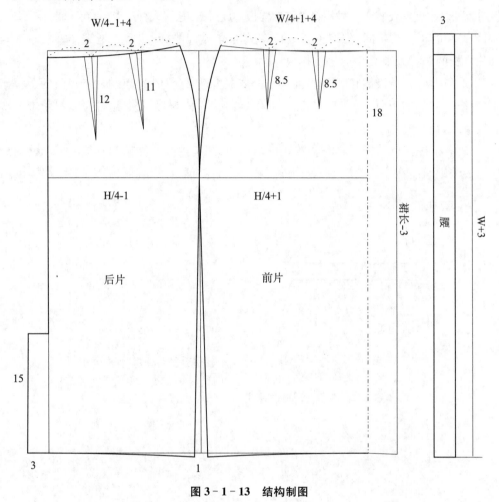

图 3-1-13　结构制图

(四)样板制作(图 3-1-14)

1. 样板处理

裙片及零部件放缝均在净样基础上进行。由于后开衩为叠衩,因此后裙片要分左右片,女裙开衩一般都为右片盖左片,则左片开衩位要放两个衩的宽度,然后再放缝。

面布样板:侧缝一般放缝 1 cm 或 1.2 cm,后中装拉链一般放缝 1.2~1.3 cm,开衩位 1 cm,下摆贴边宽 3~4 cm。

里布样板:后中放 1.5 cm,下摆在面布下摆基础上往上 2.5 cm,里布下摆 1 cm 卷边,侧缝放 1.3 cm,如图做文字标注与样板标记。

衬样板:腰头盖过腰中线 1 cm 烫半衬;开衩位过净线 1 cm 往缝份处烫衬;下摆烫 4.5 cm 宽衬;装隐形拉链处烫 1.5 cm 条衬。

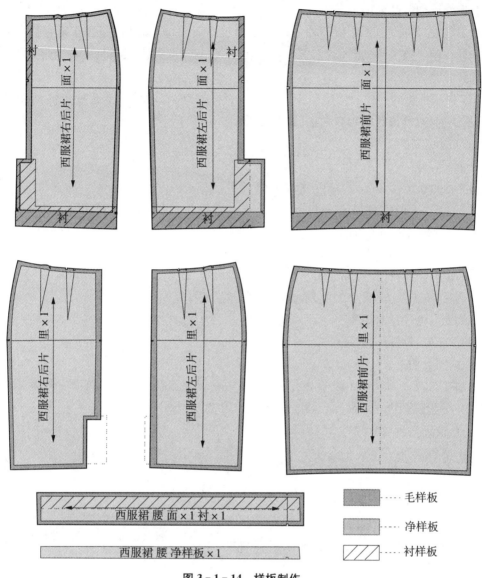

图 3-1-14 样板制作

2. 样板校对

（1）缝合边的校对。在服装样板中，除某些特定位置的缝合边因服装造型的需要须设定一定的缝缩量外，通常两条边对应的缝合边的长度应该相等。在裙子缝合边的检验和校对中主要核对前后侧缝、左右后中缝的长度是否一致。

（2）样板规格的校对。样板各部位的规格必须与预先设定的规格相等，检验的项目有长度、围度和宽度。在裙子样板中主要校对腰围、臀围、下摆的围度尺寸和裙长。另外还须核对一下开衩长度、省道、拉链长度等小部件的规格设置是否合理。

（3）根据样衣或款式图检验。首先必须检验样板的制作是否符合款式要求；再者，在一副完整的样板中应涉及做成一件完整成衣的所有样板，因此必须核对样板或样衣的要求来放缝及做一些细节的处理。

（4）里布、衬衣、工艺样板的检验。检验里布样板、衬样的制作是否正确，是否符合要求。工艺样板一般要等试制样衣之后，由客户或设计师确认样衣没有问题的情况下再制作，然后确认其是否正确。

（5）样板标识的检验。检验样板的剪口是否做好，应有的标识如裁片名称、裁片数、丝缕线、款式编号、规格等是否在样板已标注完整。

（五）样衣制作

1. 排料裁剪

（1）将面料预处理以后，对折叠放，反面朝上。

（2）将毛样板的丝缕线按面料布纹方向对齐排料并固定样板，先排大片后排小片，以丝缕对齐为原则，以省料为目的。

（3）用划粉沿毛样板轮廓画样，并做好对位记号。

（4）裁剪面料，样片边缘处的对位记号打刀眼，样片中间的对位记号钻孔。

面料裁片数量：前裙片 1 片，后裙片 2 片，裙腰头 1 片。

里料裁片数量：前裙片 1 片，后裙片 2 片。

黏衬部位：裙腰头，拉链部位，后衩贴边。

2. 缝制工艺流程

准备工作——缉缝后中线——装隐形拉链——烫折底摆开衩——拼面布侧缝——里料上拉链——里料开衩——做腰、装腰——锁钉、完成。

3. 缝制工艺步骤

（1）准备工作

① 做标记：省位、衩位、拉链止口、底摆折边宽，剪口深度不超过 0.3 cm。

② 包缝：面料除腰口部位，里料除腰口和底摆部位，其余均拷边。

③ 缉面、里省道、烫省：面料省缝倒向中心线，里料省份倒向侧缝（图 3 - 1 - 15）。

④ 黏衬：腰面超过腰口折线 1 cm 黏衬料，开衩、拉链处黏衬，均超过净缝线 1 cm 往缝份处黏衬（图 3 - 1 - 16）。

图 3 - 1 - 15　缉省道

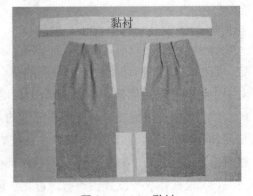

图 3 - 1 - 16　黏衬

（2）缉裙后中缝并分烫：从拉链止口缝至开衩转角处，机针落下，面料转 90°，继续车缝至开衩宽净缝处（图 3-1-17）。

（3）装隐形拉链：先将拉链齿掰开熨烫，便于制作；并将缝纫机压脚换成隐形拉链专用压脚或单边压脚，沿着拉链齿分别车缝一道（图 3-1-18），要求拉链合上后拉链齿不外露（图 3-1-19）。

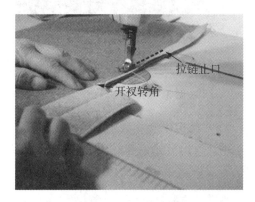

图 3-1-17　缉后中缝

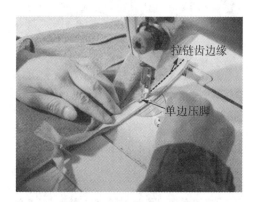

图 3-1-18　装隐形拉链

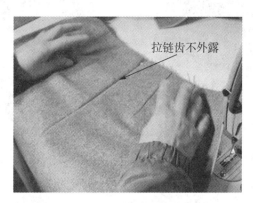

图 3-1-19　隐形拉链完成（正面）

（4）烫折开衩和底摆部位。将开衩部位按净缝烫折，底摆按 3.5 cm 折边量烫折，并将底摆折边与开衩部位缝合（图 3-1-20）。

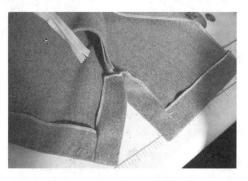

图 3-1-20　开衩底摆处理

（5）拼合面布侧缝（图3-1-21）、分烫侧缝（图3-1-22）

图3-1-21　拼合面布侧缝

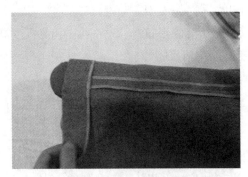

图3-1-22　分烫侧缝

（6）里料绱拉链：缝合里料后中缝并烫缝，按1.3 cm缝份离开开口止点缝至开衩点，将缝份以1.5 cm宽向左裙片扣烫；并将里料拉链开口部分缝份分别与拉链、面料后中拉链开口部分缝份缝合，拉链夹在中间（图3-1-23，图3-1-24）。

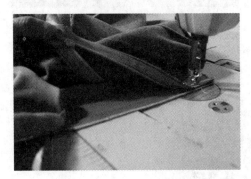

图3-1-23　里料上拉链

图3-1-24　里料上拉链完成

（7）里料开衩：先将里料底摆两折缝（图3-1-25），然后将里料开衩部位左右片分别与面料裙片开衩部位缝合（图3-1-26）。

图3-1-25　里料底摆两折缝

图3-1-26　缝合面里开衩部位

（8）做腰、装腰：将面里料裙片在腰口处先车缝固定（图3-1-27）；扣烫腰头，腰里烫折0.9 cm缝份，腰头两端车缝，翻至正面熨烫后装腰。腰面与裙身正面相对，绱缝一道（图3-

1-28)后摆正腰头,熨烫平伏(图3-1-29),正面缉漏落缝(图3-1-30),注意缉住腰里。

图3-1-27 固定面里腰口

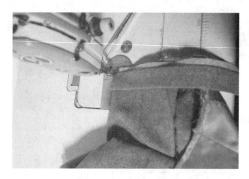

图3-1-28 装腰

图3-1-29 烫腰

图3-1-30 缉漏落缝

（9）锁钉、完成(图3-1-31,图3-1-32)

图3-1-31 完成(正面)

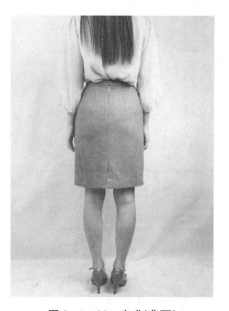

图3-1-32 完成(背面)

五、任务反思

评价项目	评价情况
请描述本次任务的学习目的。	
是否明确任务要求？	
是否明确任务操作步骤？请简述。	
对本次任务的成果满意吗？	
在遇到问题时是如何解决的？	
在本次任务实施过程中,还存在哪些不足？将如何改进？	
感受与体会。	

六、任务评价

评价指标	评价标准	评价依据	权重	得分
结构设计	1. 尺寸设计合理,符合图片比例、款式外型要求; 2. 结构线位置合理,符合图片要求。	结构制图	30	

（续表）

评价指标	评价标准	评价依据	权重	得分
样板制作	1. 能够按工艺要求、面料性能、部位要求及板房制板要求等对样板进行准确放缝； 2. 样板文字标注齐全。	样板	20	
缝制工艺	1. 缉线均匀,缝份大小准确； 2. 腰头宽窄顺直一致,无涟形,腰口不松口； 3. 门里襟长短一致,拉链不能外露,开门下端封口要平服,门里襟不可拉松； 4. 里子不起吊,面里不错位； 5. 整烫要烫平、烫煞,切不可烫黄、烫焦； 6. 外观整洁、锁眼平服、撬边针脚均匀。	样衣	20	
职业素质	迟到早退一次扣2分；旷课一次扣5分；未按值日安排值日一次扣3分；人离机器不关机器一次扣3分；将零食带进教室一次扣2分；不带工具和材料扣5分；不交作业一次扣5分。	课堂表现	30	
总分				

任务二　八片鱼尾裙结构设计与工艺

一、学习目标

（一）熟悉竖向分割裙的制图原理；

（二）能进行八片鱼尾裙的款式分析、尺寸设计；

（三）能进行八片鱼尾裙的结构设计；

（四）能进行八片鱼尾裙整套裁剪样板制作；

（五）能进行八片鱼尾裙的缝制工艺。

二、任务描述

根据给定的八片鱼尾裙款式图分析鱼尾裙的款式特征，设计各部位尺寸，并进行鱼尾裙结构设计，要求结构设计合理、比例协调，并在此基础上进行样板处理，制作符合企业要求的整套裁剪样板。选择合适的面料进行样衣制作，掌握鱼尾裙的缝制工艺。

三、知识准备

（一）鱼尾裙的概念

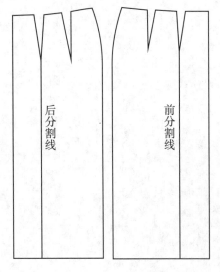

图3-2-1　画分割线

指裙体呈鱼尾状的裙子。腰部、臀部及大腿中部呈合体造型，往下逐步放开下摆展成鱼尾状。开始展开鱼尾的位置及鱼尾展开的大小根据个人需要而定。为了保证"鱼肚"的三围合体与"鱼尾"浪势的均匀，鱼尾裙多采用六片以上的结构形式，如六片鱼尾裙、八片鱼尾裙及十二片鱼尾裙等。

（二）竖向分割裙的制图原理

以六片直身裙为例：

1. 首先将裙原型调整到所需要的长度，然后再画前、后分割线（图3-2-1）。

2. 重新画侧缝线，将一个省的省量去掉（图3-2-2）。

3. 最后画裙腰，此裙的绘制完成（图3-2-3）。

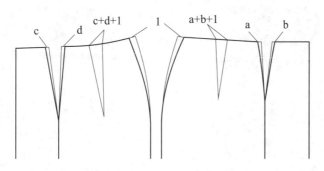

图 3－2－2 重新分配腰臀省

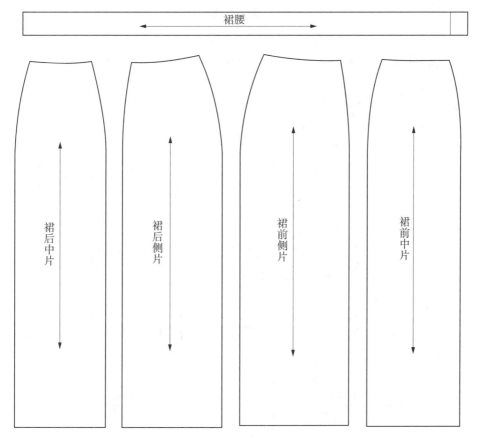

图 3－2－3 完成

四、任务实施

（一）款式分析

此款鱼尾裙分八片,无腰设计,略低腰,长至膝部。腰部、臀部及大腿中部呈合体造型,往下逐步放开下摆展成鱼尾状。鱼尾裙凸现女性的优雅线条,恰到好处的裁剪可显示女性的修长体形,使纤细的腰肢与撑起的胯部形成对比。

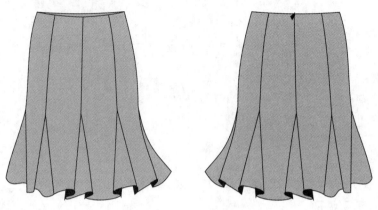

图 3－2－4 款式图

（二）规格设定

设定方法同西服裙,样板规格可以设定为:160/64A,裙长 57 cm,腰围 70 cm,臀围 92 cm。

（三）结构制图

1. 基本框架（图 3－2－5）

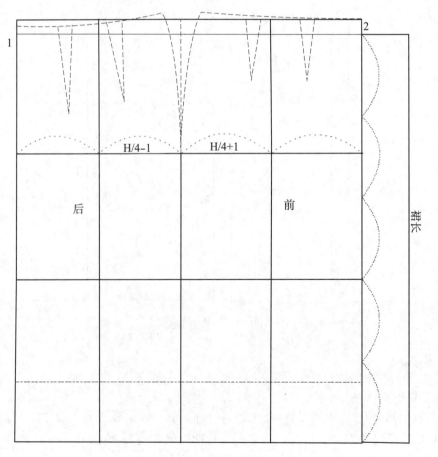

图 3－2－5 基本框架

（1）在基本裙的基础上,稍微低腰处理:腰线在基本裙基础上下落 2 cm;

（2）裙长＝57 cm,从下落的腰线开始往下量;

（3）将基本裙前后裙片臀围处二等分,作为八片鱼尾裙竖向分割线位置;

（4）确定鱼尾开始位置:从款式图片分析看,鱼尾部分在腰口到底摆的 3/5 处,因此先将裙长划分为 5 等分,从腰口往下第三个等分点做水平线为鱼尾开始位置。

2. 结构线完成(图 3-2-6)

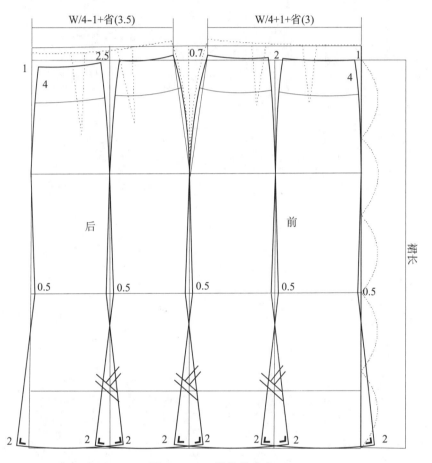

图 3-2-6　结构线完成

（1）前 W＝W/4＋1 cm＋3 cm(省),修正侧缝。

（2）后腰围＝W/4－1 cm＋3.5 cm(省),因为后臀较凸,因此省道比前片设计得稍大些。

（3）前中撇进 1 cm,前片分割线处左右两边各撇进 1 cm,前中和前侧片在鱼尾开始处两边各收 0.5 cm,底摆各张开 2 cm,底摆起翘 0.5 cm。

（4）后片分割同前片一样。

（5）从腰口到底摆 3/5 处的分割线处各收进 0.5 cm,底摆各放出 2 cm。修正每片底摆线。

（6）腰口贴边宽 4 cm。

（四）样板制作

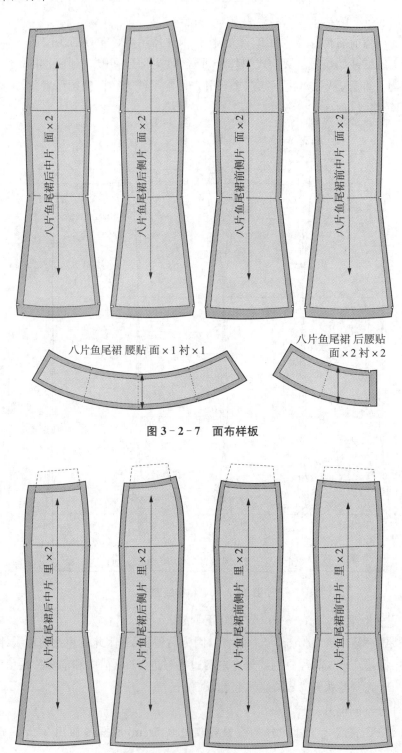

八片鱼尾裙后中片 面×2

八片鱼尾裙后侧片 面×2

八片鱼尾裙前侧片 面×2

八片鱼尾裙前中片 面×2

八片鱼尾裙 腰贴 面×1 衬×1

八片鱼尾裙 后腰贴
面×2 衬×2

图 3 - 2 - 7　面布样板

八片鱼尾裙后中片 里×2

八片鱼尾裙后侧片 里×2

八片鱼尾裙前侧片 里×2

八片鱼尾裙前中片 里×2

图 3 - 2 - 8　里布样板

面布样板：面料底摆处放 2 cm，后中 1.5 cm，其余 1 cm（图 3-2-7）。

里布样板：里料上口除去腰贴边部分，底摆处放 0.5 cm，两折缝，后中放 1.5 cm，其余 1.2 cm（图 3-2-8）。

衬样板：前后腰贴需要黏衬（图 3-2-7）。

（五）样衣制作

1. 排料裁剪

面料裁片数量：前中片 2 片、前侧片 2 片、后中片 2 片、后侧片 2 片，前裙腰贴边片 1 片，后裙腰贴边 2 片。

里料裁片数量：前裙片 2 片，前侧片 2 片，后中片 2 片，后侧片 2 片。

黏衬部位：腰口贴边，拉链部位。

2. 缝制工艺流程

准备工作——辑合面布分割线——做里子——装隐形拉链——拼面布侧缝——拼合面、里布——底摆缲边——整烫、完成。

3. 缝制工艺步骤

（1）准备工作

① 做标记：臀围线位置、鱼尾开始位置、拉链止点打剪口，剪口深度不超过 0.3 cm。

② 烫黏合衬：腰口贴边，装拉链部位，底摆折边处贴黏合衬。

③ 面料包缝：除腰口外，将面料裙片每片边缘包缝，里子拼缝后双层包缝。

（2）缉前后片面布分割线：先将面料裙片在鱼尾开始处轻轻拔烫，以使最后做出的鱼尾波浪均匀自然，然后 1 cm 缝份缉合分割线（图 3-2-9）。

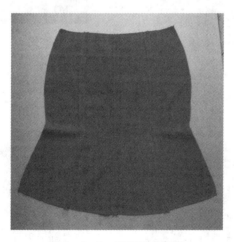

图 3-2-9　辑面布分割线

（3）做里子

① 1 cm 缝份拼合里子前后片分割线，缉合侧缝，然后将缝份烫折 1.2 cm，后中 1.5 cm，缝份缝至装拉链止口处（图 3-2-10）。

② 拼前后腰贴侧缝线（图 3-2-11）。

图 3 - 2 - 10　缉里布分割线

图 3 - 2 - 11　拼腰贴侧缝线

③拼合腰贴和裙里子：将分别拼好后的腰贴和裙里子正面相对拼合,留出装拉链位置(图 3 - 2 - 12)。

④缉裙里子底摆：里子裙摆 1.2 cm 宽二折缝(图 3 - 2 - 13)。

图 3 - 2 - 12　拼腰贴和里子

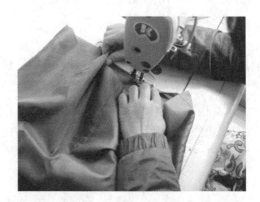

图 3 - 2 - 13　缉里子底摆

(4)装隐形拉链：先将拉链齿瓣开熨烫,便于制作;并将缝纫机压脚换成隐形拉链专用压脚或单边压脚,沿着拉链齿分别车缝一道,要求拉链合上后拉链齿不外露(图 3 - 2 - 14,图 3 - 2 - 15)。

图 3 - 2 - 14　装隐形拉链(反面)

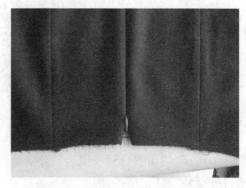

图 3 - 2 - 15　装隐形拉链(正面)

（5）拼面布侧缝：1 cm缝份拼合前后片面布。

（6）拼合面、里布：

① 腰口贴牵带衬：防止腰口尺寸在缝制过程中变大（图3-2-16）。

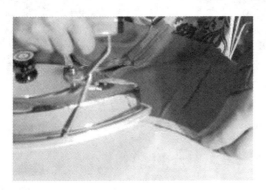

图3-2-16　腰口贴牵条衬

② 拼合面、里布：从面、里布正面相对，从左片拉链止口处开始拼合面里后中、腰口，至右片后中、拉链止口处（图3-2-17，图3-2-18）。

③ 将面里翻至正面后整烫（图3-2-19，图3-2-20）。

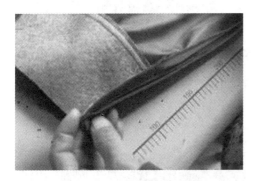

图3-2-17　面里正面相对

图3-2-18　拼合面里

图3-2-19　翻至正面

图3-2-20　整烫

（7）底摆撬边：将底摆折边按样板放缝要求量取后折转熨烫，然后用三角针固定折边（图3-2-21，图3-2-22）。

图 3 - 2 - 21　烫折底摆

图 3 - 2 - 22　底摆撬边

（8）整烫、完成（图 3 - 2 - 23，图 3 - 2 - 24）。

图 3 - 2 - 23　完成（正面）

图 3 - 2 - 24　完成（背面）

五、任务反思

评价项目	评价情况
请描述本次任务的学习目的。	

(续表)

评价项目	评价情况
是否明确任务要求？	
是否明确任务操作步骤？请简述。	
对本次任务的成果满意吗？	
在遇到问题时是如何解决的？	
在本次任务实施过程中,还存在哪些不足？将如何改进？	
感受与体会。	

六、任务评价

评价指标	评价标准	评价依据	权重	得分
结构设计	1. 尺寸设计合理,符合图片比例、款式外型要求； 2. 结构线位置合理,符合图片要求。	结构制图	30	
样板制作	1. 能够按工艺要求、面料性能、部位要求及板房制板要求等对样板进行准确放缝； 2. 样板文字标注齐全。	样板	20	

评价指标	评价标准	评价依据	权重	得分
缝制工艺	1. 缉线均匀,缝份大小准确; 2. 左右开口一样平,隐形拉链不外露; 3. 里子平伏,面里不错位; 4. 整烫要烫平、烫煞,切不可烫黄、烫焦; 5. 外观整洁、撬边针脚均匀。	样衣	20	
职业素质	迟到早退一次扣2分;旷课一次扣5分;未按值日安排值日一次扣3分;人离机器不关机器一次扣3分;将零食带进教室一次扣2分;不带工具和材料扣5分;不交作业一次扣5分。	课堂表现	30	
总分				

任务三 A型裙结构设计与工艺

一、学习目标

（一）熟悉A型裙的制图原理；
（二）能进行A型裙的款式分析、尺寸设计；
（三）能进行A型裙的结构设计；
（四）能进行A型裙整套裁剪样板制作；
（五）能进行A型裙的缝制工艺。

二、任务描述

分析给定A型裙的款式特征，设计各部位尺寸，并进行结构设计，要求结构设计合理、比例协调，并在此基础上进行样板处理，制作符合企业要求的整套裁剪样板。选择合适的面料进行样衣制作，掌握A型裙的缝制工艺。

三、知识准备

（一）A型裙的概念

A型裙是在裙原型的基础上，将腰部的省量合并或部分合并，使腰线的弧度发生变化，导致裙底摆随之发生变化，并且裙侧缝与身体产生夹角。裙底摆的大小，完全靠腰线弧度来控制，腰线弧度的大小，则由合并省量的大小来决定。合并一个省道，一般称为半紧身裙；合并两个省道，一般称为斜裙。

（二）A型裙的制图原理

以半紧身裙为例：

1. 首先将裙原型调整到所需要的长度，然后再画前、后剪开线（图3-3-1）。

2. 沿着前后片剪开线剪开，并合并省道，底摆自然展开（图3-3-2）。

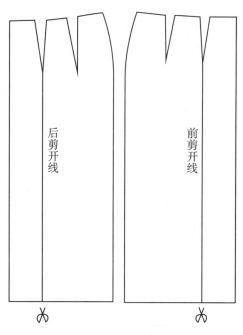

图3-3-1 画剪开线

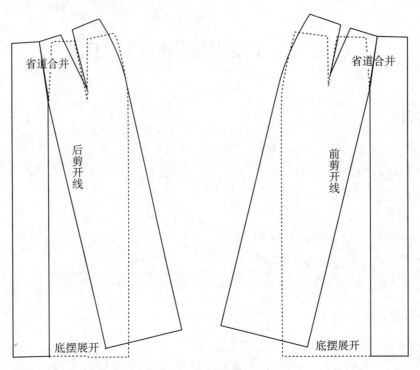

图 3 - 3 - 2　合并省道

3. 最后修顺腰口、底摆弧线,裙片绘制完成(图 3 - 3 - 3)。

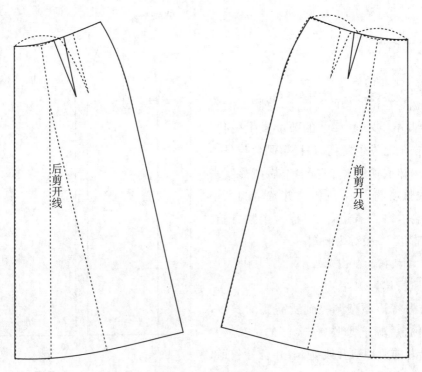

图 3 - 3 - 3　修顺弧线

四、任务实施

(一)款式分析

此款裙子为 A 型裙,长至膝部,前片左右各 3 个褶裥,斜插袋,后片左右各一个褶裥,下摆处横向拼接(图 3-3-4)。

图 3-3-4 款式图

(二)规格设定

号型:160/64A;裙长:57 cm;腰围:66 cm;下摆:120 cm。

(三)结构制图

1. 基本框架(图 3-3-5)

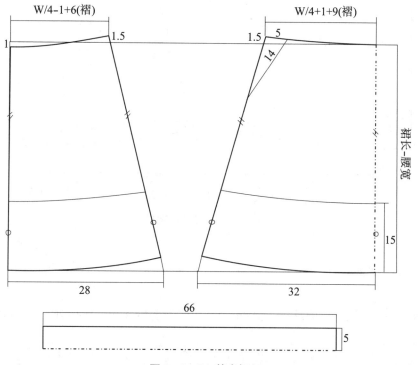

图 3-3-5 基本框架

此款裙子为宽松 A 型裙,可以直接用比例定寸法来制图。

(1) 取裙片长度＝裙长－腰宽。

(2) 前腰围＝W/4＋1 cm＋9 cm(褶)。

(3) 前下摆＝32 cm。

(4) 袋口尺寸取 16 cm。

(5) 后腰围＝W/4－1 cm＋6 cm(褶)。

(6) 后下摆＝28 cm。

(7) 底摆分割线距离底摆 15 cm。

2. 结构线完成(图 3－3－6)

(1) 腰口和底摆线在侧缝处起翘,保持腰口和侧缝线、底摆和侧缝线垂直。

(2) 横向分割线平行于底摆线。

(3) 前片打 3 cm 一个褶,共三个,后片打 6 cm 一个褶,褶都倒向侧缝线。

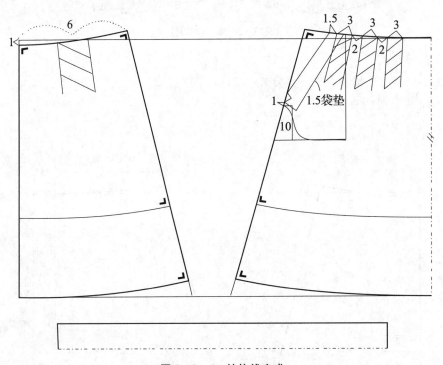

图 3－3－6 结构线完成

3. 样板制作

面布样板:底摆处放 3.5 cm,后中放 2 cm,横向分割线处 1.5 cm 双折,其余 1 cm(图 3-3-7)。

里布样板:里子后中、侧缝放 1.2 cm,腰口、底摆各放 1 cm,底摆处 1.2 cm 两折缝(图 3-3-8)。

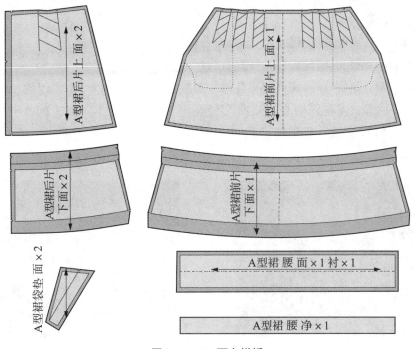

图 3 - 3 - 7　面布样板

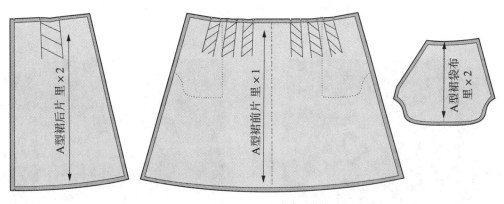

图 3 - 3 - 8　里布样板

（四）样衣制作

1. 排料裁剪

面料裁片数量：前片上、下各 1 片，后片上、下各 2 片，腰头 1 片，袋垫 2 片。

里料裁片数量：前裙片 1 片，后裙片 2 片，袋布 2 片。

黏衬部位：腰头，拉链部位。

2. 缝制工艺流程

准备工作──做斜插袋──做、烫褶裥──拼上下裙片、前后侧缝──做里子──装腰头──装拉链──底摆缲边──整烫、完成。

3. 缝制工艺步骤

(1) 准备工作

① 做标记：褶裥位置、拉链止点打剪口，剪口深度不超过 0.3 cm。

② 烫黏合衬：腰头，装拉链部位贴黏合衬。

③ 面料包缝：除腰口外，将面料裙片每片边缘包缝，里子拼缝后双层包缝。

(2) 做斜插袋：先将斜插袋袋垫布车缝至一侧袋布上，另一侧袋布放下面，裙片夹中间，上层放袋贴，三层一起车缝。袋口正面车缝 1.2 cm 明线，缝合袋布（图 3-3-9，图 3-3-10）。

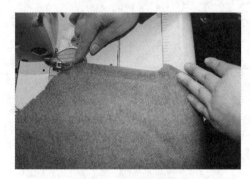

图 3-3-9　做斜插袋

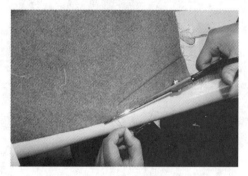

图 3-3-10　修剪缝份

(3) 做、烫褶裥：修剪线头，按照对位记号车缝固定褶裥并朝侧缝烫折（图 3-3-11，图 3-3-12）。

图 3-3-11　车缝褶裥

图 3-3-12　烫褶裥

(4) 拼接上下裙片，分割线处 1.5 cm 烫折辑合，并车 1.2 cm 明线，拼侧缝（图 3-3-13，图 3-3-14）。

(5) 做里子：缉合里子褶裥，拼侧缝，后中拼至装拉链止点处，底摆 1.2 cm 两折缝。

(6) 装腰头：将腰头面、里先与裙片面、里分别缉合，留装拉链处不缝。

(7) 装拉链：此款裙装拉链为明拉链，用装明拉链方法装拉链。将左右拉链布带分别与裙片左右片缉合，然后再将里子缉合。

(8) 底摆缲边：面布底摆烫折 3.5 cm，然后用三角针固定。

图 3－3－13　拼上下裙片

图 3－3－14　拼侧缝

（9）整烫、完成（图 3－3－15,图 3－3－16）。

图 3－3－15　完成(正面)

图 3－3－16　完成(背面)

五、任务反思

评价项目	评价情况
请描述本次任务的学习目的。	
是否明确任务要求?	

(续表)

评价项目	评价情况
是否明确任务操作步骤？请简述。	
对本次任务的成果满意吗？	
在遇到问题时是如何解决的？	
在本次任务实施过程中,还存在哪些不足？将如何改进？	
感受与体会。	

六、任务评价

评价指标	评价标准	评价依据	权重	得分
结构设计	1. 尺寸设计合理,符合图片比例、款式外型要求; 2. 结构线位置合理,符合图片要求。	结构制图	30	
样板制作	1. 能够按工艺要求、面料性能、部位要求及板房制板要求等对样板进行准确放缝; 2. 样板文字标注齐全。	样板	20	
缝制工艺	1. 缉线均匀,缝份大小准确; 2. 左右开口一样平,拉链平伏,不起皱; 3. 里子平伏,面里不错位; 4. 整烫要烫平、烫煞,切不可烫黄、烫焦; 5. 外观整洁、撬边针脚均匀。	样衣	20	

评价指标	评价标准	评价依据	权重	得分
职业素质	迟到早退一次扣 2 分；旷课一次扣 5 分；未按值日安排值日一次扣 3 分；人离机器不关机器一次扣 3 分；将零食带进教室一次扣 2 分；不带工具和材料扣 5 分；不交作业一次扣 5 分。	课堂表现	30	
总分				

任务四　褶裥裙结构设计与工艺

一、学习目标

（一）了解育克的概念；

（二）了解褶裥的概念及分类；

（三）褶裥裙的款式分析、尺寸设计；

（四）能进行褶裥裙的结构设计；

（五）能进行褶裥裙整套裁剪样板制作；

（六）能进行褶裥裙的缝制工艺。

二、任务描述

根据给定的褶裥裙款式图分析褶裥裙的款式特征，设计各部位尺寸，并进行褶裥裙结构设计，要求结构设计合理、比例协调，并在此基础上进行样板处理，制作符合企业要求的整套裁剪样板。选择合适的面料进行样衣制作，掌握褶裥裙的缝制工艺。

三、知识准备

（一）育克的概念

育克（yoke），也称约克。某些服装款式在前后衣片的上方，需横向剪开的部分称育克。裙子的育克是指在腰臀部设计分割线而形成的中介部分，育克的设计通常是为了使裙子更符合人体的体型，因此其分割的位置有一定的确定性，不像节裙的分割位置主要是由款式决定的。图3－4－1是牛仔育克裙。

（二）褶裥的概念及分类

褶裥是除省道之外的服装造型手法之一，是对服装进行立体处理的结构形式，可以丰富服装的造型，增加服装的艺术效果。常见的褶裥主要有自然褶、规律褶，其中自然褶自然轻松，规律褶整齐利落。

1. 自然褶

可分为波形褶与缩褶。波形褶是指通过结构处理使其成型后产生自然、均匀的波浪造型，如鱼尾裙（图3－4－2）、圆摆裙（图3－4－3）都是典型的波形褶裙。缩褶是指把接缝的一边有目的的加长，其余部分在缝制时缩成碎褶，成型后呈现有肌理的褶皱。缩褶裙的变化很丰富,典型的如腰部抽褶裙(图3-4-4)、节裙(图3-4-5)等。

正面 背面

图3-4-1 牛仔育克裙

图3-4-2 鱼尾裙

图3-4-3 圆摆裙

图3-4-4 抽褶裙

图3-4-5 节裙

2. 规律褶

又分为普利特褶(pleat)和塔克褶(tuck)。普利特褶在确定褶的分量时是相等的,并用熨斗固定(图3-4-6)。塔克褶只需固定褶的根部,剩余部分自然展开(图3-4-7)。

图3-4-6 普利特褶裙   图3-4-7 塔克褶裙

四、任务实施

(一)款式分析

此款是一款有学院风格的超短裙,款式活泼,腰腹部横向育克设计,分割线以下规律工字褶设计,前片左右各一个省道,后片无省道,可以用薄呢、格子面料、牛仔布等制作(图3-4-8)。

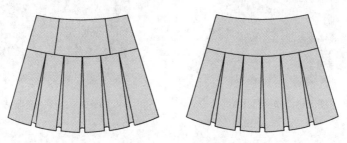

图3-4-8 款式图

(二)规格设定

样板规格可以设定为:号型160/64A,裙长34 cm,腰围70 cm,臀围92 cm。

(三)结构制图

1. 基本框架(图3-4-9)

(1)裙长=34 cm。

(2)臀围线(HL):因为是低腰,从上平线(腰口基础线)往下15 cm做平行线。

(3)腰口辅助线:前腰围大=W/4+1 cm+省(2),后腰围大=W/4-1 cm+省(2),侧缝处起翘1.5 cm,确定前后腰围大点,并分别与前后中心点连接为前后腰口辅助线。

(4)臀围大:前臀围大=H/4+1 cm,后臀围大=H/4-1 cm。

(5)侧缝:腰围大点并与臀围大点相连接,延长至裙长辅助线,截取侧缝=前后中线长。

(6)作横向分割线:距离腰口辅助线10 cm作平行线。

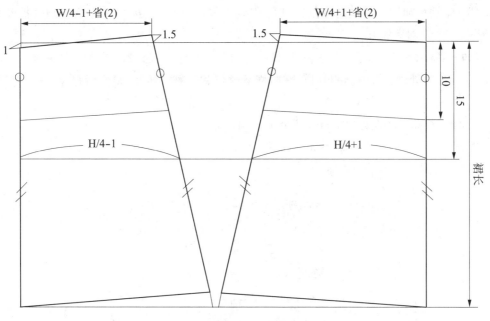

图 3 - 4 - 9　基本框架

2. 结构线完成(图 3 - 4 - 10)

(1) 将腰口线、横向分割线及底摆线修圆顺,要求腰口线、底摆线分别与侧缝线垂直。

(2) 前片腰口大 1/2 处作 2 cm 大的省道,省长至分割线;后片腰口大 1/2 处先虚设一 2 cm 大省道,省长至分割线,在样板处理时将其合并。

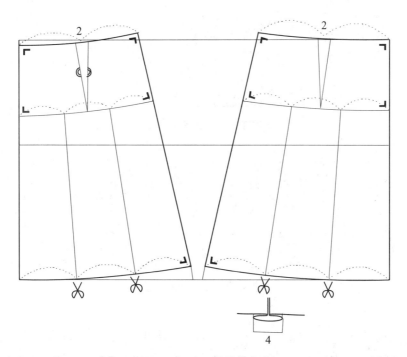

图 3 - 4 - 10　结构线完成

（3）分别将前后片的横向分割线和底摆线三等分，分别连接横向分割线与底摆线对应的等分点，作为褶裥展开线。

（四）样板制作

1. 后育克处理：将虚设的省道合并，修顺腰口和分割线弧线，得到后育克。

2. 褶裥处理：将纸样沿着褶裥剪开线剪开，平行放入 8 cm 的褶量。

3. 面料样板：底摆处放 3 cm，其余 1 cm（图 3-4-11）。

里布样板：上口除去腰贴边部分，底摆处放 2 cm，其余 1 cm（图 3-4-12）。

衬样板：前后腰贴做衬样板

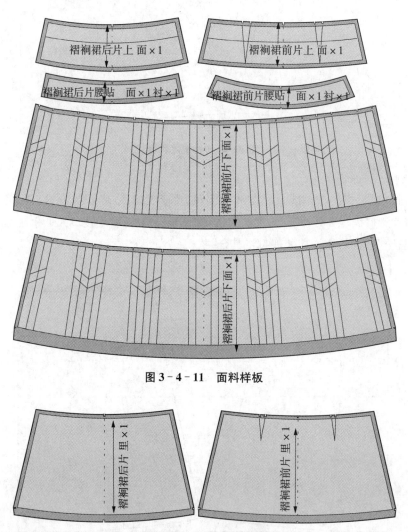

图 3-4-11 面料样板

图 3-4-12 里布样板

（五）样衣制作

1. 排料裁剪

面料裁片数量：前片上、下各 1 片，后片上、下各 1 片，前裙腰贴边 1 片，后裙腰贴边 2 片。

里料裁片数量：前裙片 1 片,后裙片 1 片。

黏衬部位：腰口贴边,拉链部位。

2. 缝制工艺流程

准备工作——打褶裥——拼裙片——拼左侧缝——拼合上下裙片——绱拉链——拼合腰贴和裙里——拼合面里裙片——底摆处理——整烫、完成。

3. 缝制工艺步骤

（1）准备工作

① 做标记：裙片前后中、打褶位置、装拉链位置、底摆折边等位置打剪口,剪口深度不超过 0.3 cm。

② 烫黏合衬：腰口贴边,装拉链部位贴黏合衬。

③ 面料包缝：除腰口外,将面料裙片每片边缘包缝,里子拼缝后双层包缝。

（2）打褶裥：按预先做好的刀眼位置,将褶裥与上裙片拼合处先车缝固定,并进行蒸汽压烫（图 3-4-13）。

（3）拼左侧缝：辑合前片省道,并将裙片上下段分别以 1 cm 缝份在左侧缝处拼合（图3-4-14）。

图 3-4-13 打褶裥

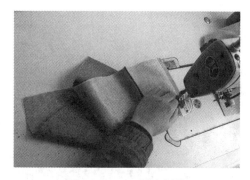

图 3-4-14 拼左侧缝

（4）拼合上下裙片：将上下裙片拼合,缝份倒向上侧,在正面车 0.6 cm 明线（图 3-4-15,图 3-4-16）。

图 3-4-15 拼上下裙片

图 3-4-16 压 0.6 cm 明线

（5）绱拉链：将右侧侧缝拼至上拉链止口处，并装隐形拉链（图3-4-17）。

（6）拼合腰贴和裙里：将腰贴和裙里左侧缝分别拼合，然后将腰贴和裙里拼合（图3-4-18）。

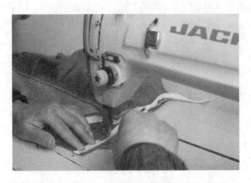

图3-4-17　绱拉链

图3-4-18　拼合腰贴和裙里

（7）拼合面里裙片：将里子右侧缝拼至装拉链止口处（图3-4-19），然后从前片装拉链处右侧缝开始，经腰口，再至后片装拉链处侧缝，将面里裙片拼合（图3-4-20）。翻至正面后在腰口辑0.6 cm明线（图3-4-21），并进行整烫（图3-4-22）。

图3-4-19　拼里子右侧缝

图3-4-20　拼面里裙片

图3-4-21　缉腰口明线

图3-4-22　整烫

（8）底摆处理：里子1.2 cm两折缝（图3-4-23），面布底摆烫折3 cm后三角针固定（图3-4-24）。

图 3-4-23 里子两折缝

图 3-4-24 面布底摆三角针

（9）整烫、完成（图 3-4-25,图 3-4-26）。

图 3-4-25 完成(正面)

图 3-4-26 完成(背面)

五、任务反思

评价项目	评价情况
请描述本次任务的学习目的。	

（续表）

评价项目	评价情况
是否明确任务要求？	
是否明确任务操作步骤？请简述。	
对本次任务的成果满意吗？	
在遇到问题时是如何解决的？	
在本次任务实施过程中，还存在哪些不足？将如何改进？	
感受与体会。	

六、任务评价

评价指标	评价标准	评价依据	权重	得分
结构设计	1. 尺寸设计合理，符合图片比例、款式外型要求； 2. 结构线位置合理，符合图片要求。	结构制图	30	
样板制作	1. 能够按工艺要求、面料性能、部位要求及板房制板要求等对样板进行准确放缝； 2. 样板文字标注齐全。	样板	20	

（续表）

评价指标	评价标准	评价依据	权重	得分
缝制工艺	1. 缉线均匀,缝份大小准确; 2. 左右开口一样平,隐形拉链不外露; 3. 里子平伏,面里不错位; 4. 整烫要烫平、烫煞,切不可烫黄、烫焦; 5. 外观整洁、撬边针脚均匀。	样衣	20	
职业素质	迟到早退一次扣2分;旷课一次扣5分;未按值日安排值日一次扣3分;人离机器不关机器一次扣3分;将零食带进教室一次扣2分;不带工具和材料扣5分;不交作业一次扣5分。	课堂表现	30	
总分				

任务五　圆摆裙结构设计与工艺

一、学习目标

（一）熟悉圆摆裙的概念及制图原理；

（二）能进行圆摆裙的款式分析、尺寸设计；

（三）能进行圆摆裙的结构设计；

（四）能进行圆摆裙整套裁剪样板制作；

（五）掌握圆摆裙的缝制工艺。

二、任务描述

根据给定的圆摆裙款式图分析圆摆裙的款式特征，设计各部位尺寸，并进行圆摆裙结构设计，要求结构设计合理、比例协调，并在此基础上进行样板处理，制作符合企业要求的整套裁剪样板。选择合适的面料进行样衣制作，掌握圆摆裙的缝制工艺。

三、知识准备

（一）圆摆裙的概念

圆摆裙主要有半圆裙、整圆裙。半圆裙指裙摆围正好是整圆的一半；整圆裙是指裙摆正好是一整个圆周。圆摆裙的结构设计，完全抛开省的作用，在保持腰围长度不变的情况下，可以直接改变腰线的曲度来增加裙摆。腰线的弧度画得越圆顺，裙摆波浪分配就越均匀，造型越佳。

（二）圆摆裙的制图原理

圆摆裙的制图最直接、最方便的是计算腰围半径，然后确定裙长、前后中线并作裙摆线。

半圆裙：腰围半径 $R = W/\pi$（图 3-5-1）；

整圆裙：腰围半径 $R = W/2\pi$（图 3-5-2）。

由于整圆裙在排料时要接触到直丝、横丝和斜丝。由于斜丝的拉伸性很强，裙摆自然下垂时，斜丝方向很容易拉长，造成裙摆参差不齐，为了避免这种情况，需要在样板排料正斜丝方向略改短裙长，当然不同的面料斜丝方向伸长不同，因此要根据面料确定调整量。

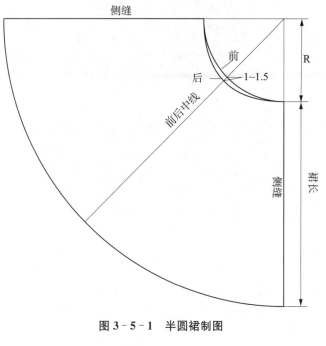

图 3-5-1 半圆裙制图

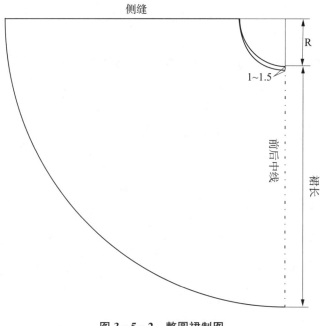

图 3-5-2 整圆裙制图

四、任务实施

（一）款式分析

蓬蓬的裙摆,给人梦幻的感觉,三层效果,一层内衬,两层纱,腰部抽松紧,裙子平展后裙摆为 360°。

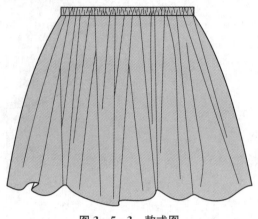

图 3－5－3　款式图

（二）规格设定

号型：160/64A。此款裙子属于超短裙，由于面料的缘故，裙子穿着时会蓬开，因此裙长设计得稍长些，为 40 cm；腰围抽松紧，松紧拉至最大能满足臀围尺寸就可以，因此设计松紧腰头在未抽缩之前是 94 cm，松紧抽至 64 cm（即腰围抽褶量为 30 cm）。

（三）结构制图（图 3－5－4）

1. 此款裙子为整圆裙，在腰部抽松紧，抽缩后的腰围尺寸为 64 cm，松紧拉开后为 94 cm，因此在计算腰围半径 R 时，W 取 94 cm，R＝94/2π。

2. 在样板设计时要注意后腰中点要下落 1 cm，斜丝缕的长度适当减短，尤其是 45°斜丝的部位。此款裙子用的面料是纱，面料悬垂性较差，斜丝不宜拉长，所以不需要减短。

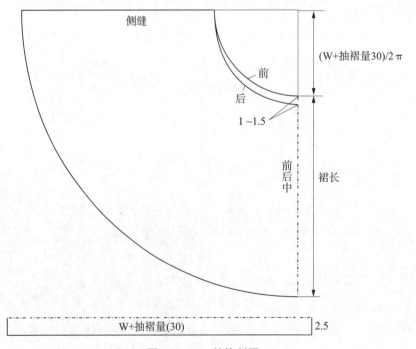

图 3－5－4　结构制图

（四）样板制作（图 3-5-5）

面料有两层，里子一层，因底摆为圆形，考虑到底摆是密拷处理，以及裙子蓬开后的泡量，故在底摆处放 1 cm，其余放 1 cm 缝份。

腰头抽松紧，考虑到松紧工艺，与裙子腰口拼接处放 2 cm 缝份，其余两边放 1 cm 缝份。因为面料为网纱状透明材质，因此为防止松紧外透，需要腰头里子布 1 片。

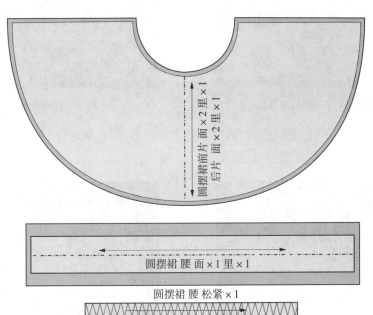

圆摆裙前片 面×2 里×1
后片 面×2 里×1

圆摆裙 腰 面×1 里×1

圆摆裙 腰 松紧×1

图 3-5-5 样板制作

（五）样衣制作

1. 排料裁剪

面料裁片数量：前片两层共 2 片，后片两层共 2 片，腰头 1 片。

里料裁片数量：前片 1 片，后片 1 片，腰头 1 片。

松紧 1 根。

2. 缝制工艺步骤

（1）拼合侧缝，并将 2 层面料在腰口固定，包缝锁边（图 3-5-6，图 3-5-7）。

图 3-5-6 拼合侧缝

图 3-5-7 包缝锁边

（2）腰头抽松紧（图3-5-8）。

（3）将抽好松紧的腰头与两层面料裙片拼合（图3-5-9）。

图3-5-8　腰头抽松紧

图3-5-9　拼合腰头和裙片

（4）裙子里子在下，腰头夹中间，两层面料裙片在上，车缝拼合（图3-5-10）。

（5）面里三层底摆各自密拷边（图3-5-11）。

图3-5-10　装裙里

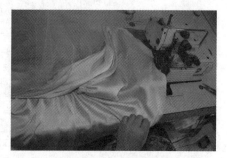

图3-5-11　底摆密拷边

（6）整理、完成（图3-5-12，图3-5-13）。

图3-5-12　完成（正面）

图3-5-13　完成（背面）

五、任务反思

评价项目	评价情况
请描述本次任务的学习目的。	
是否明确任务要求?	
是否明确任务操作步骤?请简述。	
对本次任务的成果满意吗?	
在遇到问题时是如何解决的?	
在本次任务实施过程中,还存在哪些不足?将如何改进?	
感受与体会。	

六、任务评价

评价指标	评价标准	评价依据	权重	得分
结构设计	1. 尺寸设计合理,符合图片比例、款式外型要求; 2. 结构线位置合理,符合图片要求。	结构制图	30	

（续表）

评价指标	评价标准	评价依据	权重	得分
样板制作	1. 能够按工艺要求、面料性能、部位要求及板房制板要求等对样板进行准确放缝； 2. 样板文字标注齐全。	样板	20	
缝制工艺	1. 缉线均匀，缝份大小准确； 2. 整烫要烫平、烫煞，切不可烫黄、烫焦； 3. 外观整洁。	样衣	20	
职业素质	迟到早退一次扣2分；旷课一次扣5分；未按值日安排值日一次扣3分；人离机器不关机器一次扣3分；将零食带进教室一次扣2分；不带工具和材料扣5分；不交作业一次扣5分。	课堂表现	30	
总分				

项目四 裤装结构设计与工艺

任务一 时尚女西裤结构设计与工艺

一、学习目标

（一）了解裤子种类；
（二）熟悉裤子的基本构成；
（三）熟悉裤子各部位名称；
（四）理解裤子结构设计原理；
（五）能进行女西裤款式分析、尺寸设计；
（六）能进行女西裤的结构设计；
（七）能进行女西裤整套裁剪样板制作；
（八）能进行女西裤的缝制工艺操作。

二、任务描述

在了解、熟悉裤子基本知识的基础上，分析给定女西裤的款式特征，设计各部位尺寸，并进行女西裤结构设计。要求结构设计合理、比例协调，并在此基础上进行样板处理，制作符合企业要求的整套裁剪样板。选择合适的面料进行样衣制作，掌握女西裤的缝制工艺。

三、知识准备

（一）裤子种类
裤子的种类通常可分为以下几类（图 4-1-1～图 4-1-13）。

图 4 - 1 - 1 牛仔裤

图 4 - 1 - 2 西裤

图 4 - 1 - 3 打底裤

图 4 - 1 - 4　裙裤

图 4 - 1 - 5　紧身裤

图 4 - 1 - 6　直筒裤

图 4 - 1 - 7　灯笼裤

图 4-1-8　阔腿裤

图 4-1-9　喇叭裤

图 4-1-10　铅笔裤

图 4-1-11　工装裤

图 4－1－12　背带裤

图 4－1－13　哈伦裤

（二）裤子的基本构成

裤子是下装中另一种重要的形式,包覆人体腹臀部、腿部,是包裹人体下肢最复杂结构部位的服装种类。跟裙子相比,裤子的结构更复杂,基本形状的构成因素和控制部位相应也多,除了裤长、腰围、臀围外,还有上裆、腿围、膝围、脚口围等,如图 4－1－14 所示。

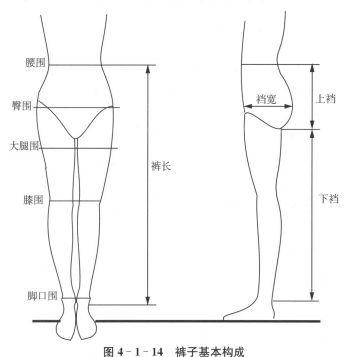

图 4－1－14　裤子基本构成

1. 裤长：裤长是构成裤子基本形状的长度因素。

根据裤长分类,可以将裤子分成以下几种(图4-1-15):

(1)超短裤:长度至大转子骨下端,仅仅包住臀部,也称热裤。

(2)短裤:长度在大腿中部左右。

(3)中裤:或称五分裤,裤长在膝关节左右。

(4)七分裤:裤长在小腿中部左右。

(5)九分裤:长度至踝骨上端。

(6)长裤:长度至踝骨以下。

当然,在中裤与七分裤之间还可以分六分裤,七分裤和九分裤之间还可以分八分裤。

2. 腰围:腰围是构成裤子基本形状的围度因素之一,根据腰位的高低,裤子可以分为高腰裤、自然腰裤、低腰裤,还可以有无腰裤和连腰裤。

3. 臀围:臀围是随人体运动变化较大的一个围度尺寸。人体做基本运动时的臀围变化量是3～4 cm,因此无弹面料的合体裤子,需要加放3～4 cm的放松量,当然裤子的款式不同、功能不同,所需的放松量也不一样。

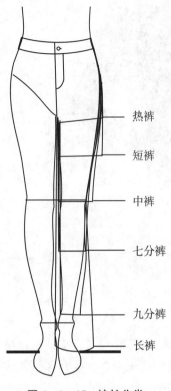

图4-1-15 裤长分类

4. 上裆:又称为立裆,是指裤子横裆线与腰围线之间的垂直距离。上裆长度尺寸,直接影响着裤子的适体性与机能性,上裆、腰围、臀围是裤子造型中的主要控制部位。

5. 腿围、膝围、脚口围:腿围、膝围、脚口围共同构成裤管结构,与臀围一起决定裤子的廓型,是裤子构成中最活跃的围度,属于"变化因素"。其大小主要根据裤子款式、穿着场合、不同功能需求等作出设计。

(三)裤子各部位名称(图4-1-16)

(四)裤子结构设计原理

基本裤型是在直身裙的基础上加上裆结构而形成的。因此裤子和裙子结构有很多的共性,但也有显著的差异。裤子除了要解决臀腰差问题,还要解决裆部合体的问题,后者是裤子结构设计的重点。

1. 臀腰差

从人体腰臀的局部特征分析,臀部的凸度和后腰围差量最大,大转子凸度和侧腰围差量次之,而腹部凸度和前腰差量最小。因此在臀腰差量分配时,后中最大,侧缝次之,前中最小(图4-1-17)。

2. 裤子裆部结构

裤子纸样设计的重点在于解决裆部合体问题,如果处理不当会影响人的运动和工作。因此裤子的裆部结构设计不仅要考虑裤子的合体性、美观性,还要考虑人在坐、立、行走、下

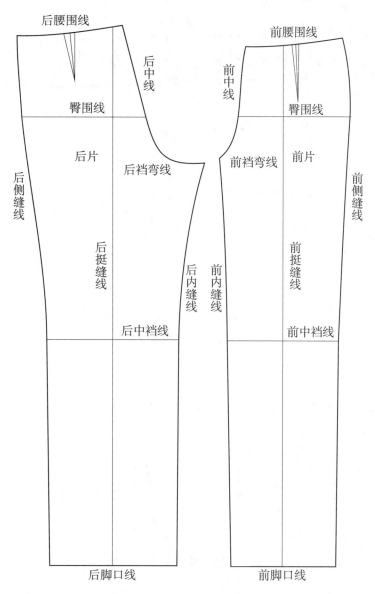

图 4－1－16　裤子各部位名称

蹲、上下楼梯等运动时的舒适性。裆部主要有以下几个影响因素：

（1）上裆结构（图 4－1－18）

上裆又称立裆，包括裆长和裆宽。该部位直接影响裤子的合体性、功能性和造型，如果上裆过短，则裤子的裆部与人体没有空间，容易出现勾裆现象；上裆过长，则裤子的裆部与人体空间过大，容易在运动时对裤腿形成牵拉，从而形成吊裆，影响运动和美观性。

① 裆长：上裆长的测量方法有两种，一种是测量成品裤子的裤长和下裆的长度，然后将裤长减去下裆长求得，当然不同的腰位高低对上裆深有一定的影响；还有一种是直接测量人

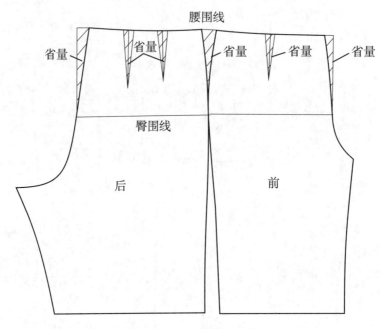

图 4-1-17　腰臀差处理

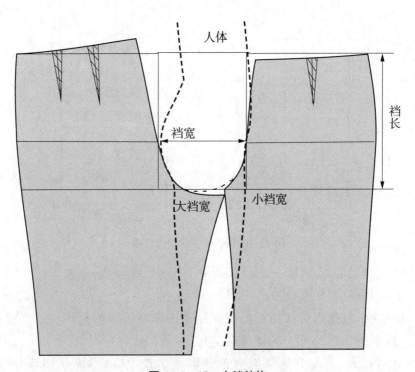

图 4-1-18　上裆结构

体的坐高,即让被测者坐在凳子上面,上身与凳面垂直,双腿并拢,小腿与地面垂直,用软尺测量人体腰线至凳面的距离,然后将坐高加 2～3 cm 的放松量,确定裆长。

② 裆宽：裤子的裆宽对应人体就是腹臀部的厚度。裆宽过大，会增加横裆尺寸和下裆线的弧度，与人体产生过大的空间，也会影响裤子的运动和美观性；裆宽过小，又会导致臀部紧绷，阻碍下肢运动。因此合理设计裆宽也是非常重要的。根据人体体型数据研究及经验，裆宽一般取 1.6/10H，其中小裆宽取 0.4/10H，大裆宽取 1.2/10H，不同款式和风格的裤子，裆宽尺寸做相应调整。

（2）前后裆弯结构（图 4-1-19）

从人体臀部前后形体的比较来看，在裤子结构的处理上，后裆弯要大于前裆弯，这是形成前后裆结构的重要依据。另外，从人体臀部屈大于伸的活动规律来看，后裆的宽度要增加必要的活动量，这是后裆弯大于前裆弯的另一个重要原因。

（3）前、后中心线（图 4-1-20）

人体腹部微凸，因此裤子前中心线一般在腰口处略往里撇进，一般为 1 cm 左右，前片无省时略增大，但一般不超过 2 cm。由于臀凸较大，因此后中线倾斜度较大，而且为了增加人体下蹲等动作时的活动量，后中需要有一个后翘度，以满足运动时臀部皮肤延展需要。臀凸越大，后中倾斜度就越大，后翘也越大，反之越小。

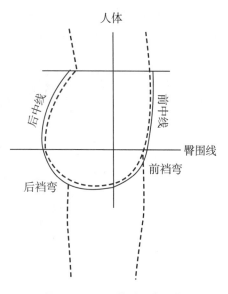

图 4-1-19　前后裆弯结构

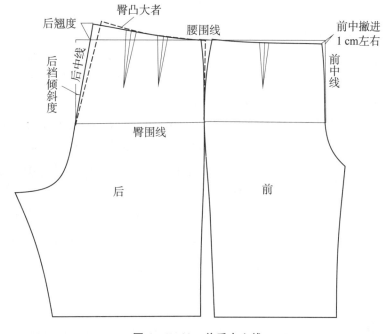

图 4-1-20　前后中心线

四、任务实施

(一)款式分析

办公室 OL 时尚女西裤,面料垂顺平整,略带舒适的微弹,活动自如,具有瘦腿和拉长腿部的特殊效果,是塑造职场窈窕形象的必备长裤。门襟在左,略低腰,前面两个斜插袋,后面一个有袋盖双嵌线袋(图 4-1-21)。

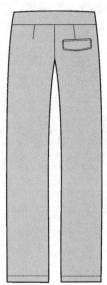

图 4-1-21 款式图

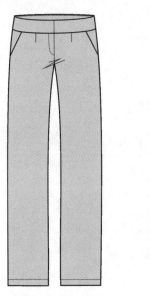

图 4-1-22 160/64A 女子下体尺寸

(二)规格设定

图 4-1-22 是 160/64A 的女子下体尺寸,结合这些尺寸数据,以及该西裤的款式特点,可以设置以下尺寸规格:

1. 裤长:因 160 cm 身高的女子腰围到地面的尺寸是 98 cm,该西裤的长度极地,因此可以设定裤长=98 cm。

2. 腰围:该西裤为低腰裤,因此腰围大于正常腰围,设定腰围=72 cm。

3. 臀围:该西裤臀部合体,面料略有弹性,因此在净臀围基础上加放 4 cm 放松量,设定臀围=92 cm。

4. 该西裤脚口适中,设定脚口宽=20 cm。

(三)结构制图

1. 基本框架(图 4-1-23)

(1)裤长:98 cm,连腰头,该西裤为低腰,腰头为弧形腰。

(2)立裆:H/4=23,包括腰头,腰位在正常腰位以下

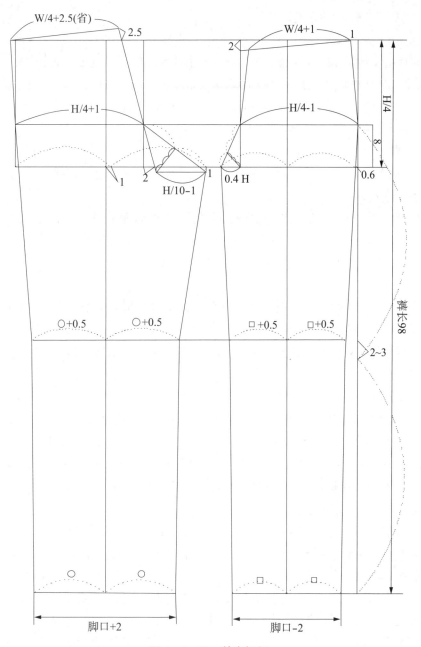

图 4 - 1 - 23　基本框架

3～4 cm 左右。

（3）臀围线：从横裆线往上 8 cm 做水平线。

（4）中裆线：从臀围线至脚口线的中点做水平线。或直接从横裆线往下 30 cm 做水平线（图 4 - 1 - 22）。

（5）前臀围大＝H/4－1，前比后小，因为从人体侧面看，臀部比较厚，腹部相对较薄。

（6）前腰口：前片无省道，臀腰差量在侧缝处撇去 1 cm，前中下落 2 cm。前腰围大 W/4＋

1 cm,在腰口虚设 1 cm 大的省道。

（7）小裆宽＝0.4H/10。

（8）前片裤中线：侧缝往里偏进 0.6 cm,与小裆大点的 1/2 处做垂直线。

（9）前脚口＝脚口－2,前中裆＝前脚口＋1 cm。

（10）如图做后裆斜线,起翘 2.5 cm,满足臀部下蹲活动量。

（11）后腰围＝W/4＋2.5 cm(省)。

（12）后臀围大＝H/4＋1 cm。

（13）后裆大＝h/10－1 cm,后裆大越小,裆部越合体,裤子越提臀,但为了增加运动量,可适当增加后翘高。

（14）后片裤中线：后裆大点与臀围大点的 1/2 处做垂直线,并往侧缝偏 1 cm 做垂直线。

（15）后脚口＝脚口＋2 cm,后中裆＝后脚口＋1 cm。

2. 结构线完成(图 4－1－24)

（1）前腰口线：从腰围大点至前中心下落点用略弧的弧线连接,基本在腰口中点往下 0.3 cm 左右。

（2）前侧缝线：从腰围大点至臀围大点,然后至横裆大点用圆顺的弧线连接,横裆大点至中裆大点用内凹 0.3 cm 左右的弧线连接,再将中裆大点与脚口大点直线连接,要求三段线连接圆顺形成一条完整的侧缝线。

（3）前中心线：从前中心点至臀围大点,至小裆大点用圆顺的弧线连接。注意前中心线要与腰口线基本垂直,若中心线倾斜度较大,可将腰口线在中心处略上翘,使其与中心线垂直。

（4）前片内裆缝线：从小裆大点至中裆大点用内凹 0.3 cm 左右的弧线连接,再将中裆大点与脚口大点直线连接,要求弧线与直线连接顺畅。

（5）脚口线：直线连接左右两脚口大点。

（6）从图中比例确定腰头宽 6 cm,从前腰口线往下 6 cm 作前腰口线的平行线。

（7）前腰省：前腰先虚设一个 1 cm 大省道,省长 10 cm,腰头省道合并做弧形腰,裤片处虚设省量做缩缝处理。

（8）按照图片确定袋位,一般袋位不低于臀围线以下 1 cm,但此处是低腰设计,袋口太小手不能伸进,而且比例不协调,因此可以折中定尺寸。

（9）门襟明线不低于臀围线以下 1 cm。因门襟开口设计主要是为穿脱方便,只要臀围最大处尺寸足够大,就可以了,因此理论上门襟开口只需开到臀围线。

（10）后腰口线：同前片,用略凹的弧线连接后腰中心点和腰围大点。

（11）后裆弧线：直线连接后腰中心点与臀围大点,并用弧线连接臀围大点和大裆大点,注意直线与弧线连接处应顺畅。

（12）后片内侧缝线：用内凹 1.2～1.5 cm 的弧线连接大裆大点与中裆大点,并将中裆大点与脚口大点直线连接,注意弧线与直线连接处顺畅。

（13）后片侧缝线：将腰围大点与臀围大点、中裆大点用圆顺的弧线连接,并直线连接至脚口大点,注意弧线与直线连接应顺畅。

（14）后脚口线：直线连接两脚口大点。

（15）后腰省：后腰省为 2.5 cm,省长 10 cm。腰头部分省道合并。

（16）后袋位：袋口大＝13 cm,以省尖为中心,左右各 6.5 cm,袋口与腰线平行。

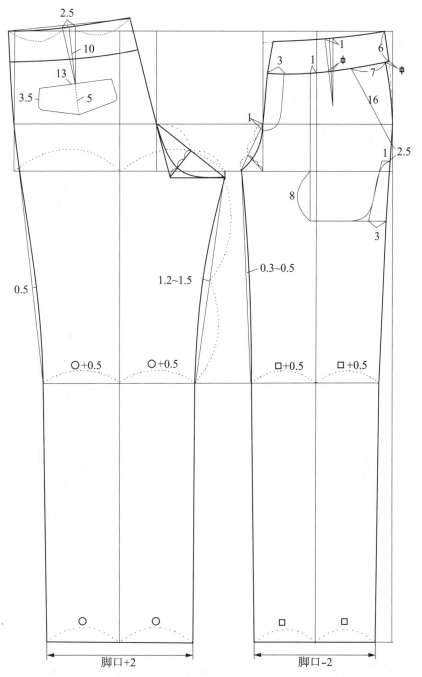

图 4 - 1 - 24　结构线完成

（四）样板制作

1. 裤片样板（图 4-1-25）

脚口放 3～4 cm，斜插袋袋口贴边 2 cm，右片装里襟部位放 1.5 cm，其余部位 1 cm。样板上标明丝缕线，写上款号、规格、裁片名称、面（里、衬）料和裁片数量，并如下图所示在必要的部位打上剪口。

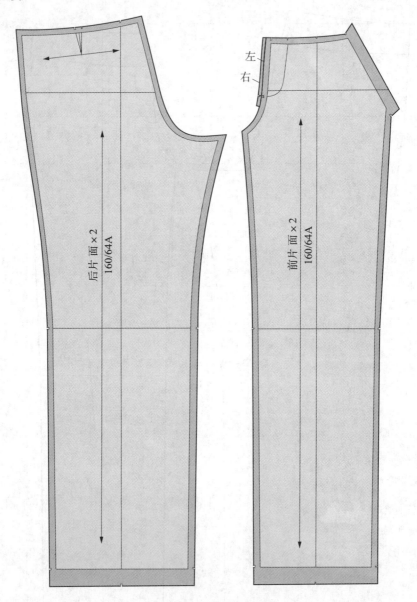

图 4-1-25 裤片样板

2. 零部件样板（图 4-1-26）

裤腰零部件样板：由于裤腰是弧形腰，可分成三片，后腰连裁，前片腰头分左右两片，其中右片比左片多出里襟宽。腰头部分要黏衬，因此要做衬的样板。

斜插袋零部件样板：如下图所示做袋垫布样板和袋布样板。

门里襟零部件样板：如下图所示做门襟样板、里襟样板，门里襟都需要黏衬，因此需要做衬的样板。在缉缝门襟明线时，需要有工艺样板，因此要做门襟的净样板。

后袋零部件样板：如下图所示做后袋袋布、后袋嵌线、后袋袋垫、后袋盖样板，其中后袋嵌线和后袋盖需要做衬样板，后袋盖还需要做用于扣烫的净样板。

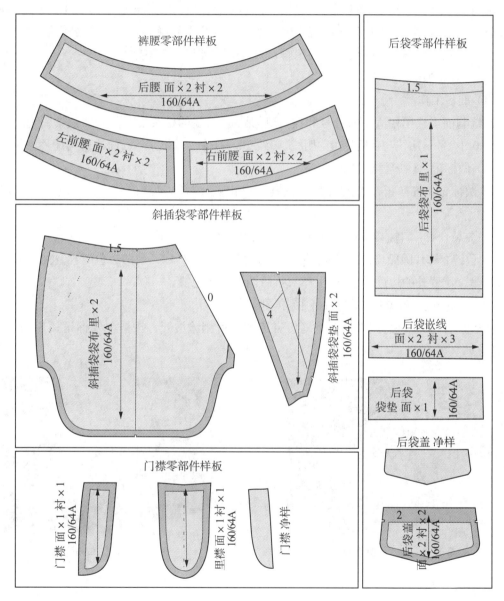

图 4-1-26　零部件样板

（五）样衣制作

1. 排料裁剪

面料裁片数量：前裤片2片，后裤片2片，前腰头2片，后腰头1片，门襟1片，里襟1

片,后袋盖 2 片,后袋嵌线布 2 片,后袋袋垫布 1 片,斜插袋袋垫布 2 片。

里料裁片数量:后袋布 1 片,斜插袋布 2 片。

黏衬裁片数量:门襟 1 片,里襟 1 片,左、右前腰头各 2 片,后腰头 2 片,斜插袋袋口 2 片,后袋嵌线 3 片(其中一片贴在裤片反面袋口处)。

2. 缝制工艺流程

准备工作——做标记、烫黏合衬、包缝——车缝省道、烫省道、烫前后片裤中线——做斜插袋——做后袋盖——做后袋——缝合侧缝线——缝合下裆缝——拼合前后裆缝——做门襟拉链——做腰头——装腰头——固定脚口折边——锁钉——整烫。

3. 缝制工艺步骤

(1) 准备工作

在缝制前需选用相适应的针号和线,调整底线、面线的松紧度及针距密度。针号:80/12 号、90/14 号。用线与针距密度:明线、暗线 14~16 针/3 cm,底线、面线均用配色涤纶线。

(2) 做标记、烫黏合衬、包缝

1) 做标记:按样板在省道、褶裥、拉链开口止点、斜插袋袋口、中裆、脚口折边等处做记号。

2) 烫黏合衬:斜插袋袋口处、门襟、腰头烫黏合衬(图 4-1-27)。

3) 包缝:裤片除腰口位置,其余包缝一周,袋垫布除腰口,其余两边包缝,门襟除腰口及与裤片缝合位置外的边进行包缝,里襟对折后两层一起包缝。

(3) 车缝省道、烫省道、烫前后裤中线(图 4-1-28)

按后片省道画线位置车缝,并将缝份省道倒向后裆缝烫死。按裤中线标记烫出前后裤中线。

图 4-1-27　烫黏合衬

图 4-1-28　车省道

(4) 做斜插袋

将袋垫布放在下侧袋布上,除腰口外,其余 0.5 cm 缝份三边车缝固定(图 4-1-29)。上侧袋布与袋口缝份正面相对 1 cm 缝份车缝,并翻至反面,按袋口标记烫折,并在袋口压 0.6 cm 明线(图 4-1-30);将袋口斜线与下侧袋布、袋垫上的袋口标记对合,缝合袋底(图 4-1-31)(具体做法可参考零部件制作中斜插袋的工艺操作)。

图 4 - 1 - 29　固定袋垫布

图 4 - 1 - 30　袋口压明线

图 4 - 1 - 31　斜插袋完成

（5）做后袋盖

1）车缝袋盖：袋盖面、里正面相对,袋盖里在上,袋盖面在下,沿边对齐,沿净缝线车缝,车缝袋盖两侧及圆角时,袋盖里稍稍拉紧,两圆角圆顺(图 4 - 1 - 32)。

2）修剪缝份：将缝份修剪至 0.3～0.4 cm,圆角处修剪至 0.2 cm,然后将缝份向袋盖里一侧烫倒(图 4 - 1 - 33)。

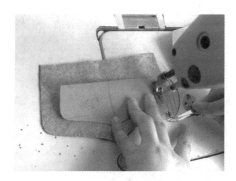

图 4 - 1 - 32　车缝带盖

图 4 - 1 - 33　修剪缝份

3）烫袋盖：先将袋盖翻到正面,翻圆袋角,将袋盖熨烫平整(图 4 - 1 - 34)。

图 4-1-34　烫带盖

（6）做后袋

1）缉缝嵌线布：先在嵌线布反面黏衬，画出嵌线的长度和宽度，并按画线缉缝嵌线布，两端倒回针固定（图 4-1-35）。

2）翻烫嵌线布：开袋口时裤片上袋口两端剪成 Y 形，把嵌线布从袋口处翻到裤片反面；整烫嵌线布的宽度至 0.5 cm，然后车缝固定袋口两端的三角（图 4-1-36）。

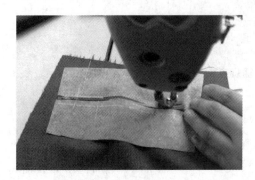

图 4-1-35　缉缝嵌线布

图 4-1-36　翻烫嵌线布

3）装袋盖：将袋盖夹入袋口中，与上侧嵌线布车缝固定（图 4-1-37，图 4-1-38）。

图 4-1-37　装袋盖 1

图 4-1-38　装袋盖 2

4）缝袋布：将袋布与嵌线正面相对，上下端袋布分别与上下侧袋布车缝固定（图 4-1-

39)，并将袋布左右两侧车缝固定(图4-1-40)。注意上下嵌线布不能豁开(图4-1-41)。

图4-1-39 袋布与嵌线正面相对

图4-1-40 袋布左右侧固定

图4-1-41 后袋完成

(7) 缝合侧缝线、下裆缝：将前、后侧片正面相对、侧缝对齐，从腰部开始缝至脚口，分烫缝份。在拼合下裆缝时，后裤片放下层，后裤片横裆下10 cm处略有吃势，中裆以下前后裤片松紧一致，1 cm缝份车缝。注意两层车缝要平直，不能有长短差异。然后分烫缝份(图4-1-42,图4-1-43)。

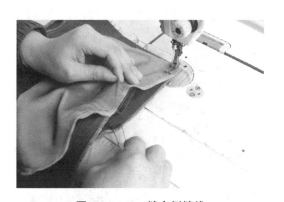

图4-1-42 缝合侧缝线

图4-1-43 分烫缝份

(8) 拼合前后裆缝、做门襟拉链：将左右裤片正面相对，裆底缝对齐，从前裆缝开口止点缝至后裆缝腰口处。门襟拉链制作具体做法可参考项目二下装零部件工艺(图4-1-44,图4-1-45)。

图4-1-44　固定里襟、拉链和裤片

图4-1-45　固定门襟和拉链

（9）做、装腰头

1）做腰头：此款裤腰为弧形腰，将前后腰头在侧缝处拼合后，熨烫平整，注意弧度部位面料易变形，熨烫时不能拉伸。并将腰头面一侧缝份烫折1 cm，腰头里缝份折转包住腰头面0.9 cm扣烫。将腰头翻到反面，两端按1 cm缝份车缝，并将腰头翻转、烫平（图4-1-46，图4-1-47）。

图4-1-46　车缝弧线腰

图4-1-47　烫腰

2）装腰头：将腰头面与裤片正面相对，两端与门襟和里襟分别对齐，中间部位的对位记号分别对合，按1 cm缝份缝合；翻转腰头，将腰头里与腰口线用漏落缝进行固定，注意腰头里不要漏缝。最后整烫腰头部位（图4-1-48，图4-1-49）。

图4-1-48　装腰

图4-1-49　熨烫

（10）固定脚口折边、锁钉、整烫

先将脚口折边按标记折烫，然后用三角针沿包缝线手针缲缝一周。在门襟腰头钉钩、里襟腰头钉攀。最后进行整烫，整烫时先将裤子翻到反面，将前后裆缝、侧缝、下裆缝分别用蒸汽熨斗熨平；然后翻到正面，将腰口褶裥、斜插袋烫好，然后将一只裤脚摊平，下裆缝与侧缝对准，烫平裤中线。最后烫平腰头（图 4-1-50，图 4-1-51）。

图 4-1-50　固定脚口折边　　　　　　　　　图 4-1-51　整烫

五、任务反思

评价项目	评价情况
请描述本次任务的学习目的。	
是否明确任务要求？	
是否明确任务操作步骤？请简述。	
对本次任务的成果满意吗？	
在遇到问题时是如何解决的？	

（续表）

评价项目	评价情况
在本次任务实施过程中,还存在哪些不足? 将如何改进?	
感受与体会。	

六、任务评价

评价指标	评价标准	评价依据	权重	得分
结构设计	1. 尺寸设计合理,符合图片比例、款式外型要求; 2. 结构线位置合理,符合图片要求。	结构制图	30	
样板制作	1. 能够按工艺要求、面料性能、部位要求及板房制板要求等对样板进行准确放缝; 2. 样板文字标注齐全。	样板	20	
缝制工艺	1. 规格尺寸符合标准与要求; 2. 造型美观,整条裤子无线头; 3. 左右袋口平伏,高低一致; 4. 腰头宽窄一致,腰头面、里平伏,无起皱现象; 5. 前门襟拉链平服,拉链不外露,前后裆缝无双轨; 6. 裤脚边平服不起吊; 7. 整烫时,裤子面料上不能有水迹,不能烫焦、烫黄。	样衣	20	
职业素质	迟到早退一次扣 2 分;旷课一次扣 5 分;未按值日安排值日一次扣 3 分;人离机器不关机器一次扣 3 分;将零食带进教室一次扣 2 分;不带工具和材料扣 5 分;不交作业一次扣 5 分。	课堂表现	30	
总分				

任务二 合体牛仔裤结构设计与工艺

一、学习目标

（一）了解牛仔裤品牌；

（二）能进行牛仔裤款式分析、尺寸设计；

（三）能进行牛仔裤的结构设计；

（四）能进行牛仔裤整套裁剪样板制作；

（五）能进行牛仔裤的缝制工艺。

二、任务描述

分析给定牛仔裤的款式特征，设计各部位尺寸，并进行牛仔裤结构设计，要求结构设计合理、比例协调，并在此基础上进行样板处理，制作符合企业要求的整套裁剪样板。选择合适的面料进行样衣制作，掌握牛仔裤的缝制工艺。

三、知识准备

牛仔裤十大品牌

Levi's(李维斯)：作为牛仔裤的"鼻祖"，是来自美国西部最闻名的名字之一。1853 年犹太青年商人 Levi Strauss(李维·史特劳斯)为处理积压的帆布试着做了一批低腰、直筒、臀围紧小的裤子，卖给旧金山的淘金工人。

LEE：LEE 是美国牛仔文化三大经典之一。始终能保持一贯实用与时尚兼备的姿态。牛仔裤由实用变成时装，期间的演变过程，LEE 占着重要的地位。

Calvin Klein：Calvin Klein 是美国第一大设计师品牌，曾经连续四度获得知名的服装奖项。该品牌一直坚守完美主义，每一件 Calvin Klein 时装都显得非常完美。

Texwood 苹果牌：Texwood 苹果牌是德士活集团的旗舰品牌。一直以来，Texwood 苹果牌致力领导牛仔服装潮流，从首创第一代石磨蓝牛仔裤至最新 Apple Cool Jeans 的苹果酷牛，均深受各界欢迎。

7 for All Mankind：这是好莱坞最多明星喜爱的牛仔裤品牌。抱着试图打破"牛仔裤与时尚不画等号"的陈规的念头，年轻的设计师 Peter Koral 在 2000 年创建了高端牛仔品牌"7 for All Mankind"，选择用"原料进口自日本、技艺参考自欧洲、制造基于本土"的融合式手法,在美国加州生产出了一条条品质精良的时尚牛仔裤。

Diesel:70 年代全球被能源危机的恐慌所笼罩,柴油(diesel)因为在推动引擎的效能上更优于汽油,并且相对而言更容易获得,在当时成了珍贵的能量来源。两位意大利设计师 Renzo Rosso 和 Paulo Germano,希望二人合作的品牌能像柴油一样成为时装界革新的能量,便联手建立了"Diesel"这一品牌。

G-Star:几百年前,荷兰人以傲人的造船技术赢得了海上的制霸权。如今,荷兰人又用 G-Star,赢得了牛仔市场的热情赞美。1992 年,Jos Van Tilbur 力邀曾为 LEE 效力的牛仔设计专家 Pierre Morisser 加盟,就此确立了品牌"简约、性感"的设计风格。1994 年,Gap Star 正式改名为 G-Star,在世界服装界上树立了鲜明的自我形象。

GAP:GAP 的发家史与 Dsquared2 颇有几分异曲同工之妙,只因为劳·费雪找不到适合他的牛仔裤款式,他就干脆自己当起了设计师,专为自己生产合身又耐穿的裤子。

Guess:一心向往美国风情的 Marciano 四兄弟,从法国南部来到了加利福尼亚州这片著名的自由乐土,用一条凝聚了四人心血的 Marilyn Jean 牛仔裤来证明他们的崭新理念,没想到他们的作品大受欢迎,成立于 1981 年的 Guess 因此走上了专业制作牛仔裤的道路,开始了用品牌打造时尚跨国版图的宏伟目标。

Giorgio Armani:Giorgio Armani 在时装界的地位,有如宗师教父一般无可撼动。他对于时装的理解总是领先于别人,作为如今时装中风头无双的牛仔潮流中的一员,Armani 旗下的牛仔系列以"时尚与实用兼备"的特点大受好评,2008 年的 Armani Jeans 更是在牛仔裤中大量融入了皮革拼贴的元素,潮流味十足。

四、任务实施

(一)款式分析

中低腰、合体、直筒。正面两个弧形插袋,一个钱币袋,前门襟装拉链,背面设计两个贴袋,独立的后腰翘,五个串带襻(图 4-2-1)。

(二)规格设定

号型:160/64A,裤长:98 cm;腰围:70 cm;臀围:90 cm;脚口宽:18 cm;

腰头宽:3.5 cm;后贴袋宽/深:13/13 cm;腰头叠门量:3 cm;门襟缉线宽:3/3.5 cm。

(三)结构制图

1. 基本框架(图 4-2-2)

(1)裤长=裤长-腰头宽。

(2)立裆:H/4-2 cm,该牛仔裤是中低腰,腰位大概在正常腰位以下 2~3 cm 左右。

(3)臀围线:从横裆线往 7.5 cm 做水平线。

(4)中裆线:臀围线至脚口线的中点往上 3 cm。

(5)前臀围大=H/4-1 cm。

(6)前腰口:前片无省道,臀腰差量在侧缝处撇去 1 cm,取前腰围大 W/4+1.5 cm,其中 0.5 cm 为上腰时的缩缝量,1 cm 在月牙袋处收省,以免臀腰差量大而引起前中心线太倾

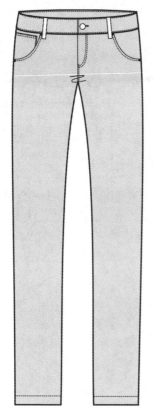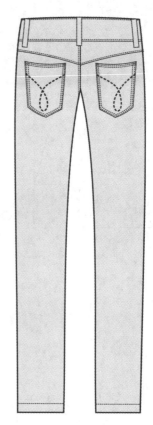

图 4－2－1　款式图

斜,前中下落 2 cm。

（7）小裆宽＝3 cm。

（8）前片裤中线:侧缝往里偏进 0.8 cm,与小裆大点的 1/2 处做垂直线。

（9）前脚口＝脚口－2 cm,前中裆＝前脚口＋1 cm。

（10）门襟明线不低于臀围线以下 1 cm。因门襟开口设计主要是为穿脱方便,只要臀围最大处尺寸能够大,就可以了,因此理论上门襟开口只需开到臀围线。

（11）做后裆斜线,牛仔裤较合体,因此后裆斜线可略斜,起翘 3 cm,满足臀部下蹲活动量。

（12）后臀围大＝H/4＋1 cm。

（13）后腰围＝W/4＋2 cm(省)。

（14）后裆大＝7.5 cm,牛仔裤比较合体提臀,因此后裆大比西裤略小。

（15）后片裤中线:后裆大点与臀围大点的 1/2 处做垂直线,并往侧缝线偏 1.5 cm。因为牛仔裤外侧缝线较直,内侧缝线较弧。

（16）后脚口＝脚口＋2 cm,后中裆＝后脚口＋1 cm。

2. 结构线完成

裤片制图完成(图 4－2－3)

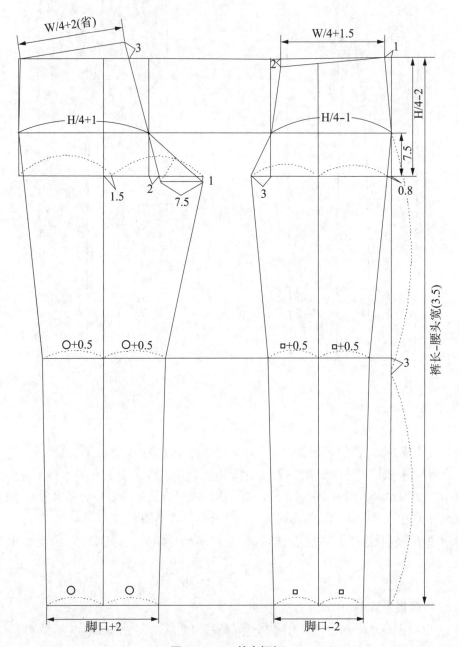

W/4+2(省)

3

W/4+1.5

1

2

H/4-2

H/4+1

H/4-1

7.5

1.5

2

1

7.5

3

0.8

裤长−腰头宽(3.5)

○+0.5 ○+0.5 □+0.5 □+0.5

3

○ ○ □ □

脚口+2 脚口−2

图 4-2-2　基本框架

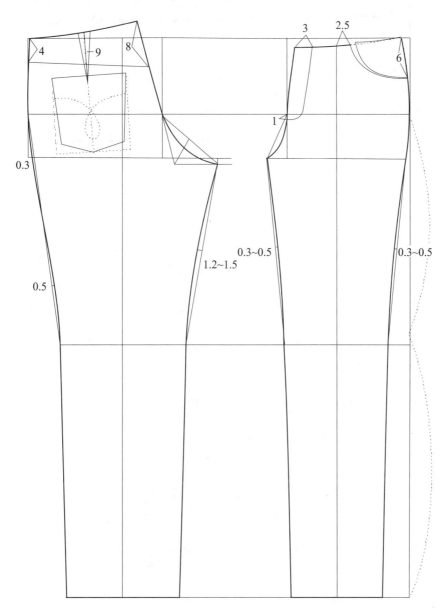

图 4-2-3　结构线完成

零部件制图（图 4 - 2 - 4）

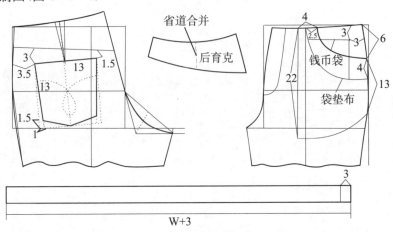

图 4 - 2 - 4　零部件制图

（四）样板制作

1. 裤片样板（图 4 - 2 - 5）

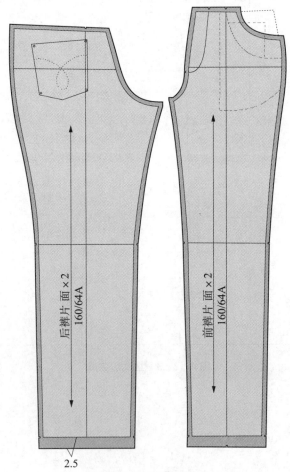

图 4 - 2 - 5　裤片样板

脚口放 2.5 cm,两折缝,其余部位 1 cm。样板上标明丝缕线,写上款号、规格、裁片名称、面(里、衬)料和裁片数量,并如上图所示在必要的部位打上剪口。

2. 零部件样板(图 4-2-6)

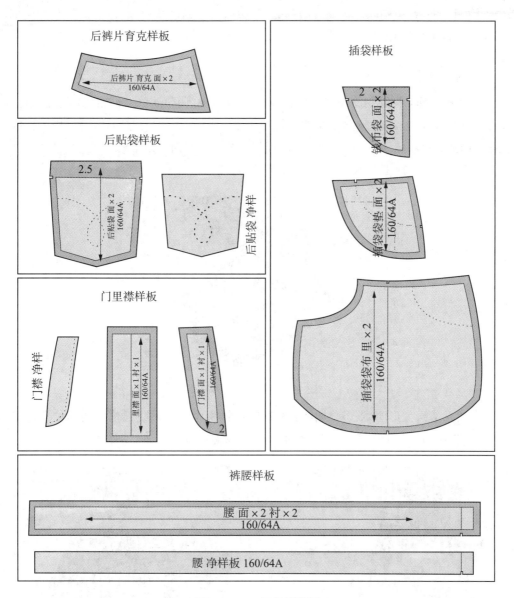

图 4-2-6　零部件样板

(五)样衣制作

1. 排料裁剪

面料裁片数量:前裤片 2 片,后裤片 2 片,后育克 2 个,腰头 1 片,门襟 1 片,里襟 1 片,插袋袋垫布 2 片,钱币袋布 1 片,后贴袋 2 片,串带襻 5 个。

里料裁片数量:前袋布 2 片。

黏衬裁片数量：门襟 1 片，腰头 1 片，后贴袋袋口 2 片，前袋袋口 2 片。

2. 缝制工艺流程

准备工作——扣烫后贴袋——后贴袋辑弧形明线、袋口明线——拼接后育克、缉明线——缝制后贴袋、缉明线——缝合后裆缝、缉明线——缝制钱币袋、做前插袋——装拉链、缉明线——拼前后内外侧缝、缉明线——做串带祥——做、装腰头——缝裤脚口——锁钉、整烫。

3. 缝制工艺步骤

(1) 准备工作：在缝制前需选用相适应的针号和线，调整底线、面线的松紧度及针距密度。针号：90/14 号、100/16 号。用线与针距密度：明线 10～12 针/3 cm，面线用牛仔线，底线用配色的涤纶线；暗线 14～16 针/3 cm，面线、底线均用配色涤纶线。

(2) 扣烫后贴袋：按净样板扣烫后贴袋(图 4-2-7)。

图 4-2-7 扣烫后贴袋

(3) 后贴袋缉弧形明线、袋口明线：根据定位样板画出后贴袋弧形明线的位置，然后辑弧形明线和袋口两道明线，两条明线之间为 0.6 cm 宽度(图 4-2-8,图 4-2-9)。

图 4-2-8 画贴袋装饰线

图 4-2-9 缉装饰线

(4) 拼接后育克、缉明线：将后育克与后裤片正面相对缉合后进行包缝，然后将缝头烫倒至裤片，正面缉两道明线 0.1 cm 和 0.6 cm(图 4-2-10,图 4-2-11)。

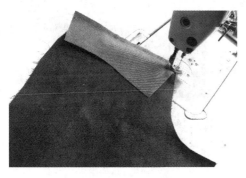

图4-2-10 拼育克

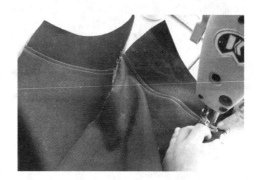

图4-2-11 辑明线

（5）缝制后贴袋、缉明线：先画出袋位，然后将扣烫好并缉好明线的贴袋缝于裤片上（图4-2-12）。

图4-2-12 定后袋位

（6）缝合后裆缝、缉明线：将两后裤片正面相对、育克位置对齐后车缝，包边后将缝份烫到至左裤片，翻至正面，车两道明线0.1 cm和0.6 cm（图4-2-13，图4-2-14）。

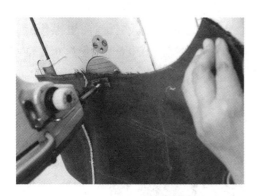

图4-2-13 缝后裆缝

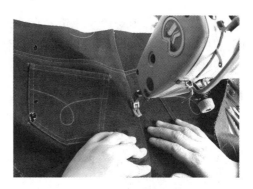

图4-2-14 辑明线

（7）缝制钱币袋、做前插袋

1）扣烫钱币袋并将钱币袋上口两折缝，再将钱币袋车缝于袋垫布上（图4-2-15，图4-2-16）。

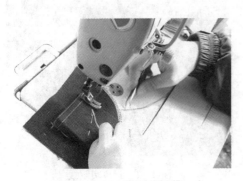

图 4-2-15　缝制钱币袋

图 4-2-16　钱币袋完成

2) 将袋垫布缝于袋布上。

3) 将袋布与裤片袋口弧线对合,正面相对车缝,然后在缝头上打剪口,将袋布翻至里面,袋口烫出里外匀,然后在裤片正面袋口处缉明线 0.2 cm、0.6 cm。对合袋口与袋垫布刀眼,然后将袋布下口来去缝辑合(图 4-2-17,图 4-2-18)。

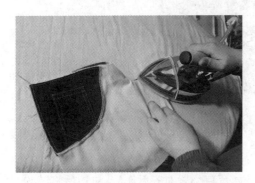

图 4-2-17　烫袋口里外匀

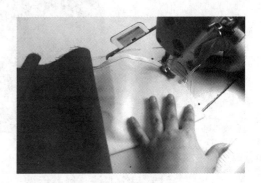

图 4-2-18　缉合袋布下口

(8) 装拉链、缉明线

1) 先将前裆弧形拼合至拉链开口止点,并将门襟黏衬、里襟对折熨烫,门里襟包缝处理。然后将拉链固定于里襟上,将其缝合于右前裤片。并将门襟以 0.9 cm 缝份缝于左前裤片上,并以 1 cm 缝份烫折至裤片反面(图 4-2-19)。

图 4-2-19　缉合前片、拉链、里襟

图 4-2-20　固定拉链与门襟

2) 整理拉链与门襟的位置,对合后将拉链另一侧固定至门襟上,并在裤片正面压门襟明线两道 0.1 cm 与 0.6 cm。同时,同样宽度缉压前裆缝明线两道,缝头倒向左前片(图4-2-20～图4-2-22)。

图 4-2-21　整理拉链与门襟

图 4-2-22　缉门襟明线

(9) 拼前后侧缝、缉明线

可选择在内侧缝和外侧缝上车明线,要车明线的那条缝先缝。本例在外侧缝压明线。前后裤片正面相对,对位记号对合,在侧缝以 1 cm 缝份车缝一道,然后进行包缝,将缝份烫折至后片后在正面压两道明线 0.1 cm 与 0.6 cm。最后对齐前后片内侧缝线并车缝固定,包缝后缝份烫倒至后片(图4-2-23,图4-2-24)。

图 4-2-23　拼前后侧缝

图 4-2-24　拼内侧缝

(10) 做串带襻:串带襻两侧压 0.2 cm 明线,然后剪出 7 个串带襻。每个长 8 cm,宽1 cm,并在裤片腰口位置固定一端(图4-2-25)。

(11) 做、装腰头

在腰头面上黏衬,腰头面下口向里烫折 1 cm 缝份,将腰头两端车缝后翻至正面熨烫。然后将腰头里正面与裤片反面相对,0.9 cm 缝份车缝,然后翻到正面,整理缝份后在腰头面上压 0.2 cm 明线,将腰头面与裤片固定,整烫后将串带襻另一端固定于腰头上(图4-2-26～图4-2-28)。

(12) 缝裤脚口

裤脚口两折熨烫,在反面 0.1 cm 车缝,车缝线距离脚口 2 cm(图4-2-29)。

（13）锁钉、整烫（图 4-2-30）

图 4-2-25 做串带襻

图 4-2-26 缉合腰里与裤片

图 4-2-27 腰头正面缉明线

图 4-2-28 烫腰

图 4-2-29 缝裤脚口

图 4-2-30 整烫

五、任务反思

评价项目	评价情况
请描述本次任务的学习目的。	

评价项目	评价情况
是否明确任务要求？	
是否明确任务操作步骤？请简述。	
对本次任务的成果满意吗？	
在遇到问题时是如何解决的？	
在本次任务实施过程中,还存在哪些不足？将如何改进？	
感受与体会。	

六、任务评价

评价指标	评价标准	评价依据	权重	得分
结构设计	1. 尺寸设计合理,符合图片比例、款式外型要求； 2. 结构线位置合理,符合图片要求。	结构制图	30	
样板制作	1. 能够按工艺要求、面料性能、部位要求及板房制板要求等对样板进行准确放缝； 2. 样板文字标注齐全。	样板	20	

（续表）

评价指标	评价标准	评价依据	权重	得分
缝制工艺	1. 规格尺寸符合标准与要求； 2. 造型美观，整条裤子无线头； 3. 左右袋口平伏，高低一致； 4. 腰头宽窄一致，腰头面、里平伏，无起皱现象； 5. 前门襟拉链平服，拉链不外露，前后裆缝无双轨； 6. 裤脚边平服不起吊； 7. 整烫时，裤子面料上不能有水迹，不能烫焦、烫黄。	样衣	20	
职业素质	迟到早退一次扣2分；旷课一次扣5分；未按值日安排值日一次扣3分；人离机器不关机器一次扣3分；将零食带进教室一次扣2分；不带工具和材料扣5分；不交作业一次扣5分。	课堂表现	30	
总分				

任务三 工装裤结构设计与工艺

一、学习目标

（一）了解裤子种类；

（二）熟悉裤子的基本构成；

（三）熟悉裤子各部位名称；

（四）理解裤子结构设计原理；

（五）能进行工装裤款式分析、尺寸设计；

（六）能进行工装裤的结构设计；

（七）能进行工装裤整套裁剪样板制作；

（八）能进行工装裤的缝制工艺。

二、任务描述

分析给定工装裤的款式特征，设计各部位尺寸，并进行工装裤结构设计，要求结构设计合理、比例协调，并在此基础上进行样板处理，制作符合企业要求的整套裁剪样板。选择合适的面料进行样衣制作，掌握工装裤的缝制工艺。

三、知识准备

工装裤设计元素

多口袋是以前工装裤的主要特点，但现在多口袋不再是唯一的卖点，多个口袋、七分长度、裤脚缩口、绑绳、钮扣、拉链等细节装饰都是工装裤的新特点，抽褶、系扣、低腰等的运用也让我们有更丰富的选择。新潮的面料、多姿的点缀及亮丽的色彩，工装裤以它的率真、妩媚成为时尚排行榜上的一员。

1. 抽绳

抽绳最初的来源也是来自于工装。抽绳有其实用性，制造一些褶皱和垂吊的感觉，在腰间或裤脚轻轻一拉，能够让衣服立即更为随意。抬眼看穿工装裤的女子除了大裤腿荡来荡去外，就是一些或长或短的抽绳在摇荡了。

2. 缩口束脚

裤一直以缩口、束脚为主要特点，短到膝盖，长及脚踝的都有缩口的新款式，不过为了实用方便，女孩子多选择七分长，再利用绑绳、松紧、钮扣、拉链或是小皮带来丰富有限裤长的视觉感受。当然,依据个人身高选择裤长仍旧是最根本的原则。

3. 多口袋

没有几个口袋的工装裤是没法想象的,工装曾经叫口袋装,可想而知工装的口袋是一种多么重要的元素。

工装在口袋设计上已不太讲究实用性了,那些大大小小的口袋,装饰价值更大。设计得更加隐蔽一些,在口袋的形状上更讲究大小、长短、缝合线角度的搭配。

4. 拉链

拉链是工装裤另一个必备的元素,在该有拉链和不该有拉链的地方,我们都可以见到它的存在,令工装显得更加硬朗、有型有款。

5. 松紧、钮扣

如今,松紧、钮扣也成为工装裤装饰色彩较浓的细节。在腰间或裤脚上安上松紧既方便,又舒适,也可以根据自己的胖瘦、高矮有一些伸缩的自由。钮扣更多的是装饰,在裤腿上随意的钉上几个钮扣,整体感觉就不会那么严肃了。

四、任务实施

(一)款式分析

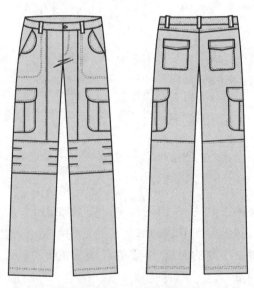

图 4-3-1　款式图

连腰、前片 2 个斜插袋,膝盖处 3 个褶裥设计,裤腿侧面 2 个立体口袋,后片臀部 2 个立体口袋,前门襟装拉链,裤腿前后片都有分割设计,5 个串带襻。

(二)规格设定

号型:160/64A,裤长:100 cm,腰围:72 cm,臀围:94 cm,脚口宽:20 cm。

腰贴宽:4 cm,斜插袋大:13 cm,后立体袋宽/深:12.5 cm,袋盖长:13 cm。

裤腿立体袋:袋宽/深 15/15 cm,袋盖长 16 cm,腰头叠门量 4 cm,门襟缉线宽 3.4/4 cm。

（三）结构制图

1. 基本框架（图 4-3-2）

（1）裤长＝裤长－腰头宽 4 cm。

（2）立裆：H/4－腰头宽。

（3）臀围线：从横裆线往上 8 cm 做水平线。

（4）中裆线：从臀围线至脚口线的中点再往上 4 cm 做水平线。

（5）前臀围大＝H/4－1 cm。

（6）前腰口：侧缝撇进 1.5 cm，前中下落 1 cm，往里 1 cm，连接两点。

（7）小裆宽＝3 cm。

（8）前片裤中线：侧缝往里偏进 0.6 cm，与小裆大点的 1/2 处做垂直线。

（9）前脚口＝脚口－2 cm，前中裆＝前脚口＋2 cm。

（10）做后裆斜线，起翘 3 cm，满足臀部下蹲活动量。

（11）后腰围＝W/4＋3 cm（省）。

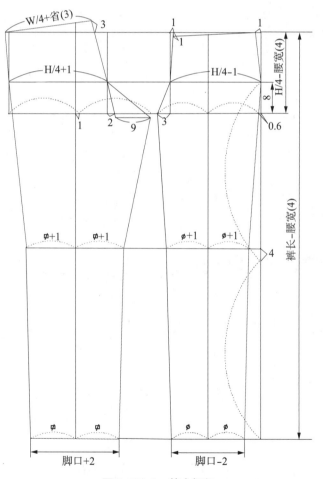

图 4-3-2 基本框架

（12）后臀围大＝H/4＋1 cm。

（13）后裆大＝9 cm。

（14）后片裤中线：后裆大点与臀围大点的1/2处往侧缝1 cm做垂直线。

（15）后脚口＝脚口＋2 cm，后中裆＝后脚口＋2 cm。

2. 结构线完成（图4-3-3）

（1）前腰口线：此款工装裤为连腰裤，因此从原来的腰口线平行往上4 cm画腰口线。

（2）前侧缝线：从腰围大点至臀围大点，然后至横裆大点用圆顺的弧线连接，横裆大点至中裆大点用内凹0.3 cm左右的弧线连接，再将中裆大点与脚口大点直线连接，要求三段线连接圆顺形成一条完整的侧缝线。

（3）前中心线：从前中心点至臀围大点，至小裆大点用圆顺的弧线连接。注意前中心线要与腰口线基本垂直，若中心线倾斜度较大，可将腰口线在中心处略上翘，使其与中心线垂直。

（4）前片内裆缝线：从小裆大点至中裆大点用内凹0.3 cm左右的弧线连接，再将中裆

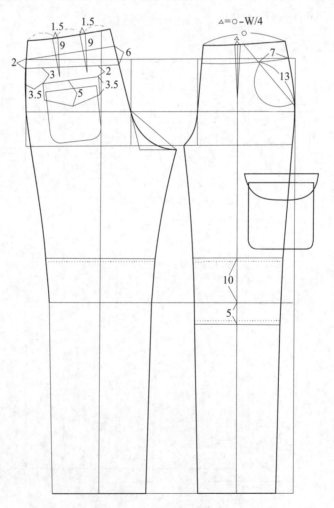

图4-3-3 结构线完成

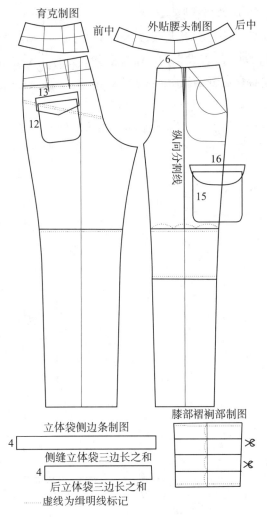

育克制图

前中   外贴腰头制图   后中

13

12

纵向分割线

6

16

15

立体袋侧边条制图

4

侧缝立体袋三边长之和

4

后立体袋三边长之和

膝部褶裥部制图

...... 虚线为缉明线标记

图 4-3-4 零部件结构

大点与脚口大点直线连接,要求弧线与直线连接顺畅。

(5)脚口线:直线连接左右两脚口大点。

(6)前臀腰差:量取前腰口线大,减去 W/4,为前臀腰差,在后面的竖向分割线中加以处理。

(7)斜插袋:确定斜插袋袋位,袋口大 13 cm,然后将袋口线延长至腰口线。

(8)膝部褶皱部:确定膝部褶皱部分割线,褶皱部位在样板处理时平行拉出褶量。

(9)侧缝装饰袋:按款式图比例确定侧缝装饰袋位置及大小。

(10)后腰口线:同前片,在原来的腰口线基础上平行往上 4 cm。

(11)后裆弧线:直线连接后腰中心点与臀围大点,并用弧线连接臀围大点和大裆大点,注意直线与弧线连接处应顺畅。

(12)后片内侧缝线:用内凹 1.2~1.5 cm 的弧线连接大裆大点与中裆大点,并将中裆大点与脚口大点直线连接,注意弧线与直线连接处顺畅。

(13)后片侧缝线:将腰围大点与臀围大点、中裆大点用圆顺的弧线连接,并直线连接至脚口大点,注意弧线与直线连接应顺畅。

(14) 后脚口线:直线连接两脚口大点。

(15) 后腰省:后腰 2 个省,省大 1.5 cm,省长 9 cm。腰头部分省道合并。

(16) 后育克:确定后育克分割线,合并省道。

(17) 后立体袋:按款式图比例确定袋位及大小。

(18) 后片膝部分割线:与前片膝部褶皱部上面那条分割线平行。

(19) 做后育克、腰贴、膝部褶裥部、立体袋侧边条等零部件制图。

(四) 样板制作

1. 裤片样板(图 4 - 3 - 5)

脚口两折缝踩明线,放 3 cm,其余放 1 cm。

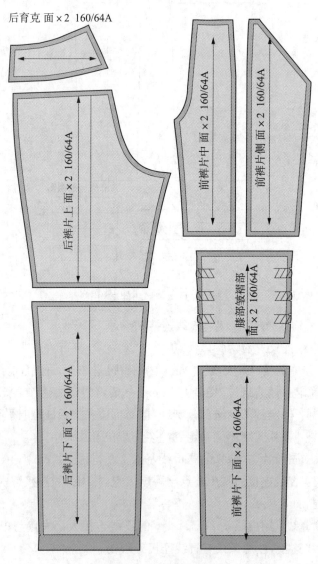

图 4 - 3 - 5 裤片样板

2. 零部件样板(图 4－3－6)

裤腰零部件样板：此款裤子是连腰裤,裤片直接连腰头,外面贴腰贴,可分成两片,后中断开,其中右片比左片多出里襟宽。

斜插袋零部件样板：做袋布,此款裤子袋布由面料裁制,因此不需要袋垫布,袋布和裤片明线车缝固定形成插袋。带盖夹在裤片和袋贴之间。带盖需要做用于扣烫的净样。

立体袋零部件样板：做侧立体袋和后立体袋袋布、立体袋侧边条、后袋盖样板,其中袋盖需要做衬样板,袋布和带盖需要做用于扣烫的净样板。

门里襟零部件样板：做门襟样板、里襟样板,门里襟都需要黏衬,因此需要做衬的样板。在缉缝门襟明线时,需要有工艺样板,因此要做门襟的净样板。注意门里襟也是连到腰头。

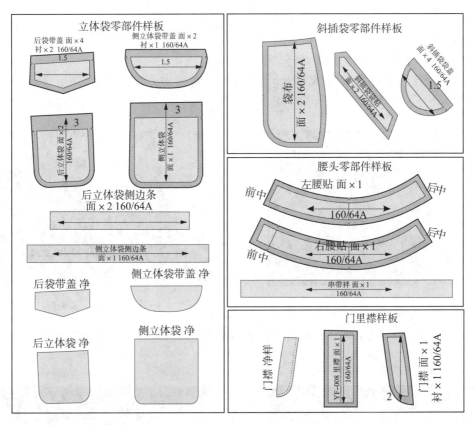

图 4－3－6　零部件样板

(五)样衣制作

1. 排料裁剪

面料裁片数量：前裤片 8 片,后裤片 4 片,后育克 2 个,腰贴 2 片,门襟 1 片,里襟 1 片,斜插袋袋垫布 2 片,斜插袋袋贴 2 片,斜插袋带盖 4 片,侧立体袋 1 片,侧立体袋侧边条 1 片,侧立体袋带盖 2 片,后立体袋 2 片,后立体袋侧边条 2 片,后立体袋带盖 4 片,串带襻 1 片。

里料裁片数量：无。

黏衬裁片数量：门襟 1 片，袋盖 5 片，前插袋袋口 2 片。

2. 缝制工艺流程

准备工作——零部件制作——斜插袋制作——拼前片、辑明线——装后立体袋、拼后片——拼前后侧缝——装侧立体袋、袋盖——拼前后裆缝——做装拉链、缉明线——拼下裆缝——装腰贴——缝裤脚口——锁钉、整烫。

3. 缝制工艺步骤

(1) 准备工作：在缝制前需选用相适应的针号和线，调整底线、面线的松紧度及针距密度。针号：80/12 号、90/14 号。用线与针距密度：明线、暗线 14～16 针/3 cm，底线、面线均用配色涤纶线。

(2) 零部件制作：做立体袋、立体袋带盖、斜插袋袋盖。

(3) 斜插袋制作

1) 装带盖：裤片在下，将袋盖夹在袋贴和裤片之间，三层一起车缝；然后将袋贴翻至反面，在袋口正面车缝 0.6 cm 明线(图 4-3-7)。

2) 装袋布：将斜插袋袋布(兼袋垫)与裤片袋口位置对合，袋口两端固定、腰口、侧缝固定，然后在裤片正面按事先做好的记号车明线，将袋布与裤片固定(图 4-3-8)。

图 4-3-7　车斜插袋带盖　　　　　　　　图 4-3-8　装袋布

(4) 拼前片、缉明线：将膝盖褶裥部位按要求打褶，然后将前裤片所有分割片拼合，缉 0.6 cm 明线(图 4-3-9，图 4-3-10)。

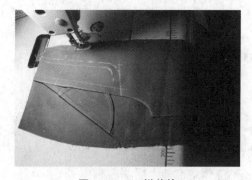
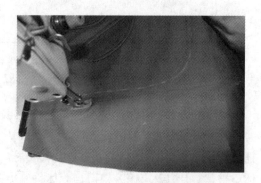

图 4-3-9　拼前片　　　　　　　　　　　图 4-3-10　缉明线

（5）装后立体袋、拼后片

1）装立体袋：预先画好立体袋位置，然后将做好的立体袋和袋盖车缝固定至相应位置（图4-3-11,图4-3-12）。

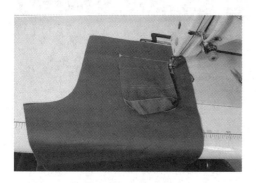

图4-3-11 装立体袋

图4-3-12 订袋盖

2）拼后片：将后育克、上下两片后裤片拼合、缉缝0.6 cm明线（图4-3-13,图4-3-14）。

图4-3-13 拼育克

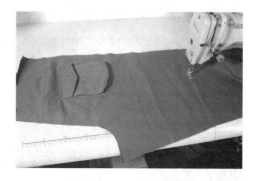

图4-3-14 拼后片

（6）拼前后侧缝：前后裤片对位记号对合、缝合侧缝，缉0.1 cm、0.6 cm明线（图4-3-15,图4-3-16）。

图4-3-15 拼侧缝

图4-3-16 侧缝缉明线

（7）装侧立体袋、袋盖：预先画好立体袋位置，然后将做好的立体袋和袋盖车缝固定至相应位置（图4-3-17,图4-3-18）。

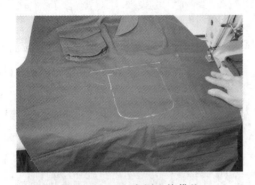

图4-3-17　定侧立体袋位

图4-3-18　装侧立体袋

（8）拼前后裆缝：拼合后裆缝线，前裆缝线拼至拉链开口处。

（9）做装拉链、缉明线

1）里襟拷边后，将拉链一边布带先车缝固定至里襟上，门襟与裤片左车缝固定，缝份为0.8 cm，并将门襟翻至反面，按1 cm缝份烫折（图4-3-19）。

2）右裤片装里襟处缝份1 cm折进，0.1 cm扣压于里襟拉链上，将门襟叠合，整理好位置，并将拉链另一侧固定至门襟上（图4-3-20）。

图4-3-19　固定门襟与裤片

图4-3-20　固定拉链与门里襟

3）裤片正面压门襟明线，同时裆缝压0.1 cm明线（图4-3-21）。

（10）拼下裆缝：比齐前后片下裆缝，后裤片放下面，前裤片放上面，以1 cm缝份车缝固定（图4-3-22）。

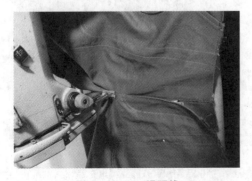

图4-3-21　缉明线

图4-3-22　拼下裆缝

(11) 装腰贴

1) 将串带襻一边拷边后，折三折车缝，做好后的串带襻为 1 cm 宽，备用。腰贴黏衬后一边 1 cm 缝份烫折，然后将另一边正面与裤片反面相对，车缝固定(图 4 - 3 - 23，图 4 - 3 - 24)。

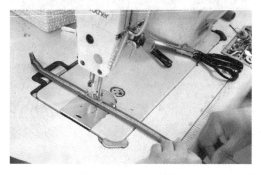

图 4 - 3 - 23　做串带袢

图 4 - 3 - 24　装腰贴

2) 将腰贴翻至正面后进行整烫，并在烫折处压 0.1 cm 明线，期间将串带襻一端固定于相应位置(图 4 - 3 - 25，图 4 - 3 - 26)。

图 4 - 3 - 25　整烫

图 4 - 3 - 26　缉明线、固定串带襻

3) 固定串带襻另一端(图 4 - 3 - 27，图 4 - 3 - 28)。

图 4 - 3 - 27　固定串带袢一端

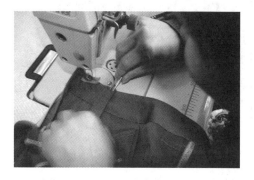

图 4 - 3 - 28　固定串带袢另一端

(12) 缝裤脚口：脚口三折缝，明线宽 2 cm(图 4 - 3 - 29)。

(13) 锁钉、整烫(图 4 - 3 - 30)。

图 4 - 3 - 29　脚口三折缝

图 4 - 3 - 30　整烫

五、任务反思

评价项目	评价情况
请描述本次任务的学习目的。	
是否明确任务要求？	
是否明确任务操作步骤？请简述。	
对本次任务的成果满意吗？	
在遇到问题时是如何解决的？	
在本次任务实施过程中,还存在哪些不足？将如何改进？	
感受与体会。	

六、任务评价

评价指标	评价标准	评价依据	权重	得分
结构设计	1. 尺寸设计合理,符合图片比例、款式外型要求; 2. 结构线位置合理,符合图片要求。	结构制图	30	
样板制作	1. 能够按工艺要求、面料性能、部位要求及板房制板要求等对样板进行准确放缝; 2. 样板文字标注齐全。	样板	20	
缝制工艺	1. 规格尺寸符合标准与要求; 2. 造型美观,整条裤子无线头; 3. 左右袋口平伏,高低一致; 4. 腰头宽窄一致,腰头面、里平伏,无起皱现象; 5. 前门襟拉链平服,拉链不外露,前后裆缝无双轨; 6. 裤脚边平服不起吊; 7. 整烫时,裤子面料上不能有水迹,不能烫焦、烫黄。	样衣	20	
职业素质	迟到早退一次扣2分;旷课一次扣5分;未按值日安排值日一次扣3分;人离机器不关机器一次扣3分;将零食带进教室一次扣2分;不带工具和材料扣5分;不交作业一次扣5分。	课堂表现	30	
总分				

任务四　哈伦裤结构设计与工艺

一、学习目标

（一）了解哈伦裤的特征；
（二）能进行哈伦裤款式分析、尺寸设计；
（三）能进行哈伦裤的结构设计；
（四）能进行哈伦裤整套裁剪样板制作；
（五）能进行哈伦裤的缝制工艺操作。

二、任务描述

　　分析给定哈伦裤的款式特征，设计各部位尺寸，并进行哈伦裤结构设计，要求结构设计合理、比例协调，并在此基础上进行样板处理，制作符合企业要求的整套裁剪样板。选择合适的面料进行样衣制作，掌握牛仔裤的缝制工艺。

三、知识准备

哈伦裤的特征

　　哈伦裤（Harem Pants），也叫垮裆裤、掉裆裤、吊裆裤等。哈伦裤流行是因为它可随意改变裤子的裆部大小，但有一个标准就是哈伦裤裤裆的长度至少能放进你男朋友的皮夹。哈伦裤有时也被称作胯裆裤（Hip pants）、掉裆裤或者是萝卜裤、胯裤（Hip pants）、锥形裤（Tapered pants）等，只是因为某些款式的哈伦裤太过宽松，看起来像是嘻哈裤；也有些哈伦裤为了增加臀部和裤口的视觉比例，夸张臀部尺寸并缩小裤口尺寸，所以有些人看到会以为是萝卜裤或是锥形裤，其实这些称呼都是不到位的。

　　哈伦裤的特点是裤裆宽松，大多会比较低，为了整体线条和谐，又不显得矮，裤裆不太低却宽松得明显，裤管比较窄。系绳闭襟型的哈伦裤，目前是最受人喜欢的。

四、任务实施

（一）款式分析

　　低腰、落裆较低。正面两个斜插袋，褶裥处理，后片有带盖双嵌线口袋，前面袋口处开口设计（图 4-4-1）。

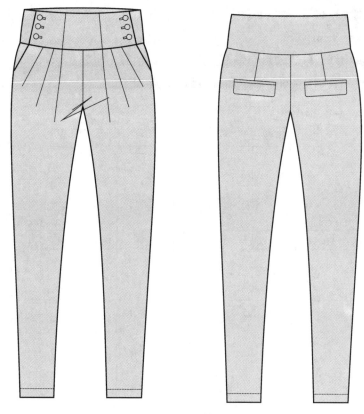

图 4 - 4 - 1 款式图

（二）规格设定

号型：160/64A；裤长：90 cm；腰围：72 cm；臀围：90 cm；脚口宽：16 cm。

（三）结构制图

1. 基本框架（图 4 - 4 - 2）

（1）裤长：90 cm。

（2）立裆：H/4+3 cm，此款裤子为低腰裤，腰线在正常腰线以下 3～4 cm。

（3）臀围线：因为此款裤子为哈伦裤，落裆较大，因此从在确定臀围线时可以以腰口线为参照线，低腰 3～4 cm，所以臀围线至腰口线取 15 cm 左右。

（4）中裆线：从横裆线往下 26 cm 左右，因为落裆较大。

（5）前臀围大=H/4-0.5=22 cm。

（6）前腰口：侧缝撇进 1.5 cm，前中下落 2 cm，前腰围大=W/4+1 cm=19 cm。

（7）小裆宽=3.5 cm。

（8）前片裤中线：侧缝往里偏进 0.8 cm，与小裆大点的 1/2 处做垂直线。

（9）前脚口=脚口-2 cm，前中裆=前脚口+2 cm。

（10）做后裆斜线，起翘 2.5 cm，满足臀部下蹲活动量。

（11）后腰围=W/4+2.5 cm（省）。

（12）后臀围大＝H/4＋0.5 cm。

（13）后裆大＝8 cm。

（14）后片裤中线：后裆大点与臀围大点的1/2处再往侧缝偏1 cm。

（15）后脚口＝脚口＋2 cm，后中裆＝后脚口＋3 cm。

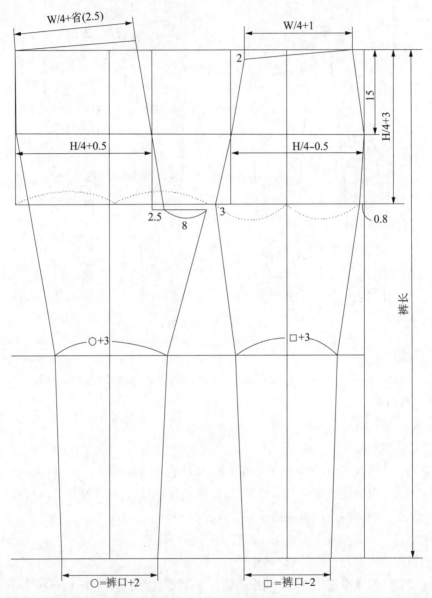

图4-4-2 基本框架

2. 结构线完成（图4-4-3）

腰头部分宽9 cm，作腰口线的平行线。袋位等如图4-4-3所示。由于前片有4个褶，故在裤中线处剪开至中裆线以上5 cm左右处，放出8 cm褶量，其中往前中处3 cm，往侧缝处5 cm。

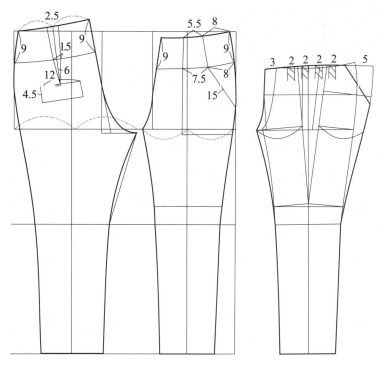

图 4 - 4 - 3　结构线完成

（四）样板制作

1. 裤片样板（图 4 - 4 - 4）

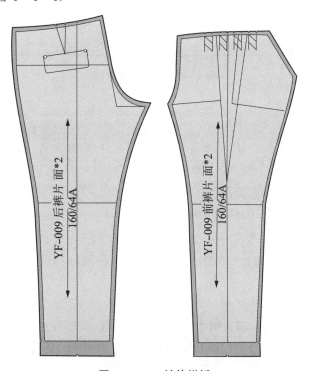

图 4 - 4 - 4　裤片样板

2. 零部件样板(图 4 - 4 - 5)

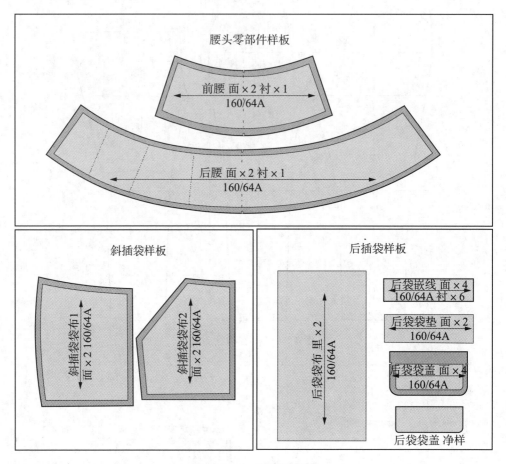

图 4 - 4 - 5 零部件样板

（五）样衣制作

1. 排料裁剪

面料裁片数量：前裤片 2 片，后裤片 2 片，前腰 2 片，后腰 2 片，斜插袋袋布 4 片，后袋嵌线布 4 片，后袋袋垫 2 片，后袋带盖 4 片。

里料裁片数量：后袋袋布 2 片。

黏衬裁片数量：前腰 1 片，后腰 1 片，后袋带盖 2 片。

2. 缝制工艺流程

准备工作——做斜插袋——做褶——做后袋——拼前后裆缝——拼前后侧缝——做装腰头——锁钉、整烫。

3. 缝制工艺步骤

（1）准备工作：在缝制前需选用相适应的针号和线，调整底线、面线的松紧度及针距密度。针号：80/12 号、90/14 号。用线与针距密度：明线、暗线 14～16 针/3 cm，底线、面线均用配色涤纶线。

（2）做斜插袋：上层袋布先与裤片正面相对，在袋口处车缝固定，翻至反面。然后将连着袋垫的下层袋布放置在裤片下方，对好记号，车缝固定至裤片，并将两层袋布缝合（图4-4-6～图4-4-9）。

图4-4-6　固定袋布与裤片

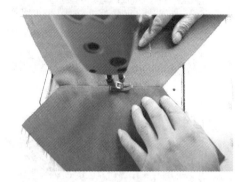

图4-4-7　袋口压明线

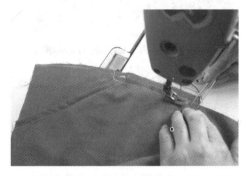

图4-4-8　固定袋布与侧缝

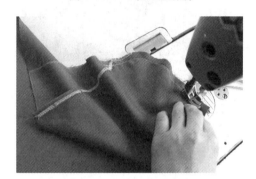

图4-4-9　拼袋底

（3）做褶：按褶裥刀眼将褶在腰口处固定（图4-4-10，图4-4-11）。

图4-4-10　做褶

图4-4-11　斜插袋反面

（4）做后袋：定好袋位后在裤片反面挖袋部位黏衬，按双嵌线挖袋工艺方法做后袋（图4-4-12～图4-4-15）。

图 4-4-12 后袋位黏衬

图 4-4-13 车缝嵌线

图 4-4-14 袋口缉明线

图 4-4-15 反面状态

（5）拼前后裆缝：以 1 cm 缝份拼合前后裆缝（图 4-4-16）。

（6）做装前腰（图 4-4-17，图 4-4-18）。

（7）拼侧缝（图 4-4-19）。

图 4-4-16 拼前后裆缝

图 4-4-17 做前腰

图 4-4-18 装前腰

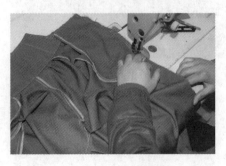

图 4-4-19 拼侧缝

（8）做、装后腰（图 4-4-20，图 4-4-21）。

图 4-4-20 做、装后腰

图 4-4-21 腰头压明线

（9）脚口卷边、整烫。

五、任务反思

评价项目	评价情况
请描述本次任务的学习目的。	
是否明确任务要求？	
是否明确任务操作步骤？请简述。	
对本次任务的成果满意吗？	
在遇到问题时是如何解决的？	
在本次任务实施过程中，还存在哪些不足？将如何改进？	

（续表）

评价项目	评价情况
感受与体会。	

六、任务评价

评价指标	评价标准	评价依据	权重	得分
结构设计	1. 尺寸设计合理,符合图片比例、款式外型要求; 2. 结构线位置合理,符合图片要求。	结构制图	30	
样板制作	1. 能够按工艺要求、面料性能、部位要求及板房制板要求等对样板进行准确放缝; 2. 样板文字标注齐全。	样板	20	
缝制工艺	1. 规格尺寸符合标准与要求; 2. 造型美观,整条裤子无线头; 3. 左右袋口平伏,高低一致; 4. 腰头宽窄一致,腰头面、里平伏,无起皱现象; 5. 前门襟拉链平服,拉链不外露,前后裆缝无双轨; 6. 裤脚边平服不起吊; 7. 整烫时,裤子面料上不能有水迹,不能烫焦、烫黄。	样衣	20	
职业素质	迟到早退一次扣2分;旷课一次扣5分;未按值日安排值日一次扣3分;人离机器不关机器一次扣3分;将零食带进教室一次扣2分;不带工具和材料扣5分;不交作业一次扣5分。	课堂表现	30	
总分				

任务五　休闲中裤结构设计与工艺

一、学习目标

（一）能进行中裤款式分析、尺寸设计；

（二）能进行中裤的结构设计；

（三）能进行中裤整套裁剪样板制作；

（四）能进行中裤的缝制工艺操作。

二、任务描述

分析给定中裤的款式特征,设计各部位尺寸,并进行牛仔裤结构设计,要求结构设计合理、比例协调,并在此基础上进行样板处理,制作符合企业要求的整套裁剪样板。选择合适的面料进行样衣制作,掌握中裤的缝制工艺。

三、任务实施

（一）款式分析

裤长至膝盖以上,中腰,月牙袋,翻裤脚边(图4-5-1)。

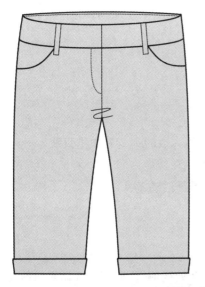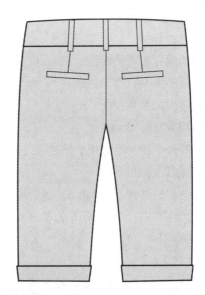

图 4-5-1　款式图

（二）规格设定

号型：160/64A；裤长：50 cm；腰围：72 cm；臀围：90 cm；脚口宽：23 cm。

（三）结构制图

1. 基本框架（图 4－5－2）

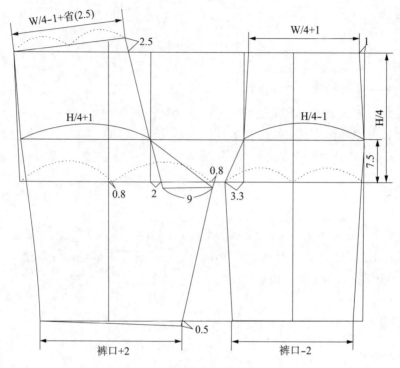

图 4－5－2　基本框架

（1）裤长＝裤长－4 cm。

（2）立裆＝H/4。

（3）臀围线：从横裆线往上 7.5 cm 做水平线。

（4）前臀围大＝H/4－1 cm。

（5）前腰围大＝W/4＋1 cm。

（6）小裆宽＝3.3 cm。

（7）前片裤中线：侧缝往里偏进 0.6 cm，与小裆大点的 1/2 处做垂直线。

（8）前脚口＝脚口－2 cm。

（9）如图做后裆斜线，起翘 2.5 cm，满足臀部下蹲活动量。

（10）后腰围＝W/4－1 cm＋2.5 cm（省）。

（11）后臀围大＝H/4＋1 cm。

（12）后裆大＝9 cm。

（13）后片裤中线：后裆大点与臀围大点的 1/2 处往侧缝偏 0.8 cm 做垂直线。

（14）后脚口＝脚口＋2 cm，后片内侧缝线略往下降 0.5 cm。

2. 结构线完成(图 4 - 5 - 3)

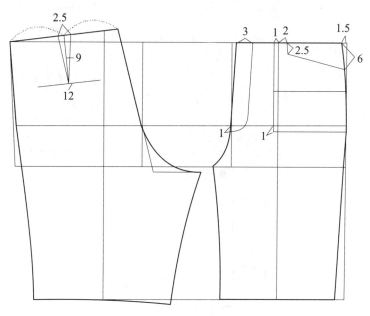

图 4 - 5 - 3 结构线完成

(四)样板制作

1. 裤片样板(图 4 - 5 - 4)

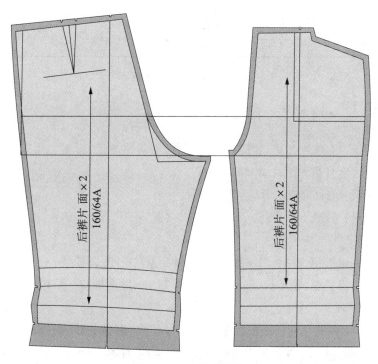

图 4 - 5 - 4 裤片样板

2. 零部件样板(图 4-5-5)

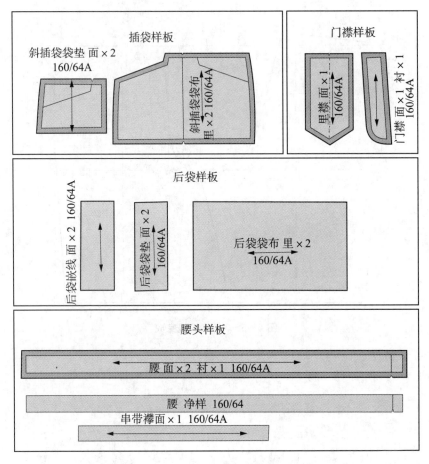

图 4-5-5 零部件样板

(五) 样衣制作

1. 排料裁剪

面料裁片数量:前裤片 2 片,后裤片 2 片,前插袋袋垫 2 片,腰头 2 片,门襟 1 片,里襟 1 片,后袋嵌线 2 片,后袋袋垫 2 片,串带祥 1 片。

里料裁片数量:前插袋布 2 片,后袋布 2 片。

黏衬裁片数量:门襟 1 片,腰头 1 片,后袋口 2 片。

2. 缝制工艺流程

准备工作——做标记、黏衬——后片收省、做后袋——做斜插袋——拼前后片侧缝、缉侧缝明线——拼前后裆缝、做装拉链——做、装腰头——做翻裤口——锁钉、整烫。

3. 缝制工艺步骤

(1) 准备工作:在缝制前需选用相适应的针号和线,调整底线、面线的松紧度及针距密度。针号:80/12 号、90/14 号。用线与针距密度:明线、暗线 14～16 针/3 cm,底线、面线均用配色涤纶线。

（2）做记号、黏衬：在门襟、腰头和后袋袋位处黏衬，并做好省道、对位标记等记号。

（3）后片收省、做后袋（图4-5-6~图4-5-9）：

图4-5-6 后片收省

图4-5-7 车后袋嵌线

图4-5-8 装袋布

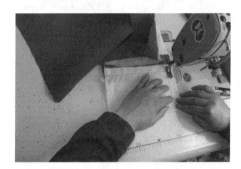

图4-5-9 车缝袋布两边

1）按记号将后裤片收省，省尖不回车，留2~3 cm长的线头；并在裤片正面画袋位。

2）将烫折后的嵌线布一边固定至袋口处，袋口剪开，两端剪Y形，然后将嵌线布翻至里面。

3）将袋垫布车缝固定至袋布上相应位置，袋布一侧与下嵌线布一边固定，另一侧与上嵌线布固定，车缝袋布左右两侧后将袋布一侧与腰口固定。

（4）做前插袋：

1）将上层袋布与裤片袋口固定，翻至反面，并在袋口正面车0.5 cm明线（图4-5-10）。

2）将袋垫布固定至下层袋布上，按记号与裤片摆正位置，车缝固定腰口处与侧缝处（图4-5-11）。

图4-5-10 车袋口明线

图4-5-11 摆正下层袋布位置

3）将两层袋布边缘缉合并包边（图4-5-12）。

（5）拼前后片侧缝、缉侧缝明线：按1cm缝份拼合前后侧缝线，包边后将缝份烫折至后片，并在正面缉缝0.1cm明线（图4-5-13）。

图4-5-12　拼袋布边缘

图4-5-13　拼侧缝

（6）拼前后裆缝、做装拉链：将前后裆缝拼合至装拉链止口处，按门襟拉链做法装拉链（图4-5-14～图4-5-17）。

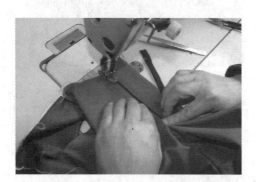

图4-5-14　固定拉链与里襟

图4-5-15　拉链与门襟定位

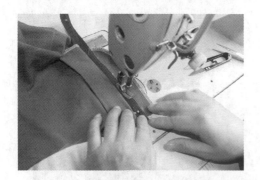

图4-5-16　固定拉链与门襟

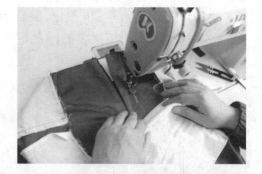

图4-5-17　门襟缉明线

（7）做、装腰头（图4-5-18，图4-5-19）：

1）做腰：将腰头与裤片车缝一侧的缝份烫折，其中腰面缝份烫折1cm，腰里缝份烫折0.9cm，然后面里正面相对，车缝其余三边，并翻至正面熨烫平整。

2）装腰：将做好的腰头装于裤片上，车缝时轻轻拉紧腰里，同时轻推腰面，并在相应位置装入做好后的串带襻。

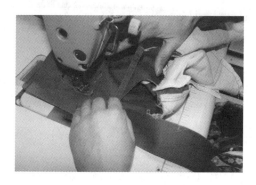

图 4-5-18　做装腰头

图 4-5-19　腰头完成状态

（8）做翻裤口：将裤口按要求固定后翻折熨烫，并将翻折起的裤口在内侧缝和侧缝处固定（图 4-5-20，图 4-5-21）。

图 4-5-20　要翻裤口

图 4-5-21　固定翻裤口侧缝

（9）锁钉、整烫（图 4-5-22，图 4-5-23）。

图 4-5-22　烫侧缝

图 4-5-23　烫腰

五、任务反思

评价项目	评价情况
请描述本次任务的学习目的。	
是否明确任务要求?	
是否明确任务操作步骤? 请简述。	
对本次任务的成果满意吗?	
在遇到问题时是如何解决的?	
在本次任务实施过程中,还存在哪些不足? 将如何改进?	
感受与体会。	

六、任务评价

评价指标	评价标准	评价依据	权重	得分
结构设计	1. 尺寸设计合理,符合图片比例、款式外型要求; 2. 结构线位置合理,符合图片要求。	结构制图	30	

（续表）

评价指标	评价标准	评价依据	权重	得分
样板制作	1. 能够按工艺要求、面料性能、部位要求及板房制板要求等对样板进行准确放缝； 2. 样板文字标注齐全。	样板	20	
缝制工艺	1. 规格尺寸符合标准与要求； 2. 造型美观，整条裤子无线头； 3. 左右袋口平伏，高低一致； 4. 腰头宽窄一致，腰头面、里平伏，无起皱现象； 5. 前门襟拉链平服，拉链不外露，前后裆缝无双轨； 6. 裤脚边平服不起吊； 7. 整烫时，裤子面料上不能有水迹，不能烫焦、烫黄。	样衣	20	
职业素质	迟到早退一次扣 2 分；旷课一次扣 5 分；未按值日安排值日一次扣 3 分；人离机器不关机器一次扣 3 分；将零食带进教室一次扣 2 分；不带工具和材料扣 5 分；不交作业一次扣 5 分。	课堂表现	30	
总分				

参 考 文 献

[1] 刘国钧,陈绍业.图书馆目录[M].北京:高等教育出版社,1957.15-18.

[2] 邹奉元.服装工业样板制作原理与技巧[M].浙江:浙江大学出版社,2006

[3] 刘建智.服装结构原理与原型工业制版[M].北京:中国纺织出版社,2009

[4] 刘瑞璞 服装纸样设计原理与应用.女装编[M].北京:中国纺织出版社,2008

[5] 尚丽,张朝阳.服装结构设计[M].北京:化学工业出版社,2009

[6] 章永红.女装结构设计(上)[M].浙江:浙江大学出版社,2005

[7] 苏石民.服装结构设计[M].北京:中国纺织出版社,1999

[8] 向东.服装创意结构设计与制版——时装厂纸样师讲座(四)[M].北京:中国纺织出版社,2005

[9] 魏雪晶,魏丽.服装结构原理与制版推板技术(第二版)[M].北京:中国纺织出版社,1999

[10] 吕海学.服装结构原理与制图技术[M].北京:中国纺织出版社,2008

[11] 朱秀丽,鲍卫君.服装制作工艺(基础篇)[M].北京:中国纺织出版社,2009

[12] 鲍卫君.服装制作工艺(成衣篇)[M].北京:中国纺织出版社,2009

[13] 张文斌 服装工艺学(结构设计分册)第三版[M].北京:中国纺织出版社,2001

[14] 鲍卫君 服装现代制作工艺[M].浙江:浙江大学出版社,2006

[15] http://baike.baidu.com/